THE POWER
OF SELF-COACHING
The Five Essential Steps To Creating The Life You Want

改变自己
心理健康自我训练

【美】约瑟夫 · J.卢斯亚尼/Joseph J.Luciani ◎著

迟梦筠 孙燕◎译

重庆大学出版社

THE POWER OF SELF-COACHING:THE FIVE
ESSENTIAL STEPS TO CREATING THE LIFE YOU WANT
by JOSEPH J. LUCIANI,PH. D.
Copyright:© 2004 BY JOSEPH J. LUCIANI,PH. D.
This edition arranged with JEAN V. NAGGAR LITERARY AGENCY,INC
Through Big Apple Agency,Inc. ,Labuan,Malaysia.
Simplified Chinese edition copyright:
2012 CHONGQING UNIVERSITY PRESS
All rights reserved.

版贸核渝字（2012）第 093 号

图书在版编目(CIP)数据

改变自己:心理健康自我训练/(美)卢斯亚尼
(Luciani,J. J.)著;迟梦筠,孙燕译. —重庆:重庆
大学出版社,2012.10(2023.3 重印)
(心理自助系列)
书名原文:The Power of Self-coaching:The five
essential steps to creating the life you want
ISBN 978-7-5624-7014-4

Ⅰ.①改… Ⅱ.①卢…②迟…③孙… Ⅲ.①心理健
康—健康教育—通俗读物 Ⅳ.①B844-49

中国版本图书馆 CIP 数据核字(2012)第 224485 号

改变自己:心理健康自我训练
Gaibian Ziji:Xinli Jiankang Ziwo Xunlian
[美]约瑟夫·J.卢斯亚尼 著
迟梦筠 孙 燕 译
策划编辑:王 斌
责任编辑:王 斌 敬 京 版式设计:李彦生
责任校对:贾 梅 责任印制:赵 晟
*
重庆大学出版社出版发行
出版人:饶帮华
社址:重庆市沙坪坝区大学城西路 21 号
邮编:401331
电话:(023) 88617190 88617185(中小学)
传真:(023) 88617186 88617166
网址:http://www.cqup.com.cn
邮箱:fxk@cqup.com.cn(营销中心)
全国新华书店经销
重庆市正前方彩色印刷有限公司印刷
*
开本:720mm×1020mm 1/16 印张:13.5 字数:194千
2012 年 10 月第 1 版 2023 年 3 月第 10 次印刷
ISBN 978-7-5624-7014-4 定价:32.00 元

译者序

人的一生应该过得幸福、快乐、健康,然而现实却总和人们开着玩笑。人们每天勤奋工作、学习,或为追求自己的人生目标,或为养家糊口,辛辛苦苦不说,可一不小心就焦虑了,再不小心可能就抑郁了。有的人焦虑而快乐,而有的人抑郁并痛苦……

不过值得庆幸的事情倒是有两件:一是现代的医学发达了,精神疾病也不是那么可怕了;二是人们的思想也开放了,不会再投以异样的眼光了。

崔永元说过:"抑郁症在中国是新鲜事物,心理医生不会雨后春笋般涌现……合格的心理医生总数不会超过梁山好汉的总数。"无非是想提醒大家,在选择咨询、就医时还是要谨慎再谨慎,小心再小心。选择心理图书也是一样。

本书的作者 Joseph J. Luciani 博士,具有 30 年临床心理治疗和咨询经验,并经常在全球作心理健康方面的演讲和培训,应该是值得信赖的。其实要想比较彻底的康复,还需解开心结。

《改变自己:心理健康自我训练》一书就为大家提供了一种可能。Joseph J. Luciani 博士认为,焦虑和抑郁是由不安全感驱动的,而没有人生来就缺乏安全感,内心满是愤怒、无聊或抑郁。事实是,快乐是我们的自然状态,慢性不愉快:焦虑和抑郁只是一种坏习惯 —— 一种能改掉的习惯。

这种不安全感的一种典型表现就是无法控制的杞人忧天。

马克·吐温说过:"生活中我担忧过成千上万件事,但大多数的担忧都没发生。"这句话应该能说明一点问题。

本书除了介绍了一个作者独创的五步骤心理治疗方法外,书中还包含了大量的心理自我测试和心理治疗真实案例。希望能够帮助那些需要帮助的人。

1

本书的"序"、第1章至第7章及"致谢"由西华大学迟梦筠翻译,第8章至第16章由电子科技大学孙燕翻译。

在翻译过程中,译者得到家人无微不至的关心,他们的支持是本书得以译成的重要动力之一。此外,译者还要向西南政法大学的曾早垒女士表达谢意。曾女士作为重庆大学出版社"心理自助系列"的译者之一,为本书的翻译提供了不少宝贵意见。

最后,特向本书的编辑表示由衷的感激,他细致入微的工作为我们的译稿增色不少。书中翻译的不妥之处,自然也由译者承担,恳请读者批评指正。

译　者

2008 年 4 月

序

我的父亲不是一个快乐的人。他总爱生气，这可能是他52岁即命丧黄泉的原因。他缺乏锻炼、缺乏自律、暴饮暴食、厌恶医生。在生命的最后阶段，他迷上了赌博——这是他走入绝境的又一种方式。在赌博中下大筹码并企盼获胜，似乎为他在一片无望的汪洋中带来希望。

现在回想起父亲，我的心仍隐隐作痛。他的生活和早逝让人惋惜。如果当时我能告诉他我现在所知道的知识就好了。如果我能帮他认识到还有其他选择就好了。和很多人一样，父亲认为自己是命运的牺牲品。他那颓废的、挫折的一生只不过是让消极变为了习惯。要是当时我能告诉他自我训练的力量就好了。

我的私人诊所开业已有25年之久，我逐渐认识到父亲痛苦的生命并非只是他个人所独有。许多经常去心理诊所的人，抱怨地唠叨一些自己内心困惑的问题，比如：感觉受到打击，担忧未来；或常常感觉不快乐、无望、自疑。有些人到心理诊所是因为他们无他处可去；他们生活中的所有事情开始搞砸。我怀疑大多数人没能在心理诊所里解决问题。他们只是与问题一起生活，从来意识不到还另有选择。

你有未解决的问题吗？如果任其发展，让消沉的抱怨蔓延，它们就会带来更严重的情感问题。为何你无动于衷任由抑郁发展或任由焦虑使你陷入恐慌？为何你认识不到生活中的磨砺是你远离自然的、自发的生活和真正快乐的缘由。自我训练能引导你找回生命的意义，找回轻松的生活而非试图绝望地掌控生活。

学着更自然、自发地生活也许看起来复杂，尤其是你在受折磨之时。其实这一点并不复杂。不快乐、受折磨并非你的本性，而只是你的习惯！事实上习

1

惯是后天养成并且能够改变的，所有的习惯无一例外。无论一个习惯多么具有破坏性，但如果你学着停止助长它，它就不能伤害你。你如何助长习惯？你每次焦虑、烦躁、恐惧或怀疑，你都是在为自己不安全感的习惯扔一点面包屑——喂养它。本书会向你介绍一种"自我谈话"的有力工具，它会令伤害你的习惯饿死，让你选择对你有益的生活。

做好准备，把你的生活从反射性的、习惯的思维禁锢中解脱出来。一旦你这样做了，你就会理解我对复杂的、传统的治疗方法的态度。如果我的话显得夜郎自大，这很正常。因为自我训练不是沉思、哲学冥想，而是慢慢灌输"能做到"的火种，这能让你拥有你想要的和应该享受的生活。

在我的前一本著作《自我训练：改变焦虑和抑郁的习惯》中，自我训练的特定目标是减轻焦虑和沮丧症状。自从我初次介绍了自我训练之后的若干年，我发现我的方法适用于更广泛的范围，而不仅仅局限于焦虑和抑郁。你会发现本书能在更严重的情感问题发展之前，赋予你减轻生活中情感摩擦的力量，并将你与追求真正快乐的先天能力连接起来。在你消除了不安全感、消除了同生活挣扎很久之后，自我训练能继续为你提供力量与活力。

自我训练的力量基于一个事实，即你能学会击败阻碍你生活的任何事物。无论它是恐慌、抑郁、社会焦虑、懒惰、无效、缺乏成功或不快乐，你都必须击败它们。你能做到这点！通过练习本书所列的 5 个基本步骤，你会找到解决所有自身问题的答案，而这些答案一点也不复杂。你会改变控制性思维的习惯，从而能发自内心、更本能地理解什么才能使自己快乐。

目录
CONTENTS

目录 CONTENTS

导　论

命运不是机遇，而是选择；不是被动等待，而是努力争取。

——威廉·詹宁斯·布赖恩

我觉得开始这本书的写作，最好莫过于把特蕾西介绍给大家作为开场白。她是个售货员，虽已年近天命——四十有八，却依然孑然一身。她曾问过我一个问题——一个我已经听过无数次的问题。也许这个问题你们也自问过许多次。

我一生都在奋斗。我努力了 30 年，至今却仍然碌碌无为。没有丈夫，没有孩子，没有事业，一无所有。我蛰居在一间肮脏的公寓里，这里可以俯瞰停车场和中餐馆的屋顶。天气宜人的时候，我拼命喝酒，拼命看电视，拼命吃垃圾食品。天气恶劣的时候，我则蜷缩在被窝里。我担忧死亡，担忧生存，但我最担忧的还是后半生的孤独。

有时我无法入睡，我的思维在运转，想着自己丧失的机会，以及自己曾伤害过的人。我有头痛病和胃痛病，加之我对别人充满敌意，无法对其假以信任。在这种情况下，医生建议我服用抗抑郁的药，但是说老实话，我不想这么麻烦。即使我服药感觉好些了那又怎样？我仍然住在这间公寓里，仍然没有体面的工作，没有一个家。那又何苦添此麻烦呢？

医生也告诉我，我的血压太高，体重超标，离得心脏病不远了，除非改变自己现在的生活方式。让我改变自己的习惯——真是笑话。我靠习惯赖以生存。当然，医生，我要回家改变！当着医生的面，我只能唯唯诺诺,难道他不懂得这点吗?这就是我,固执、具有破坏性,注定要独自凄凉生活。我实在是害怕。

我到心理治疗中心来,问你一个问题,我需要诚实的回答:像我这样的人真能改变吗?

你如何回答特蕾西的问题?许多人认为性格在出生时就定型了:"他是个控制欲望强烈的人。我不指望他会改变。"或者只是焦虑而束手无策,"当然我很焦虑。我的妈妈也焦虑,妈妈的妈妈亦是如此。整个家庭都蔓延着这种气氛。"有些人则不确定:"自从我做了手术之后,精神状态每况愈下。我过去并非一个焦虑者,现在则似乎无法回到以前的安全状态了。"对另外一些人而言,他们又认为,这不是一个个性问题,而是命运问题:"有些人注定有福气。而我,一无所有,有的只是终身霉运。"还有其他一些问题:人是能改变的吗?不幸的生活能变为幸福,变为成功吗?

你是如何思考的?

我从智力和个性的角度思考这些问题已有多年,我已经记不起自己是从何时便开始苦苦思索人们心中的不安和焦虑这个问题,我想知道导致这一问题的真相。尽管我竭尽全力想令人改变现状,但始终觉得有些努力是徒劳无益的。结论是:人们不会改变,不会真正地改变。即使我认为自己对此怀疑得有道理,但问题仍然存在:假如人可以改变,那么这种改变是否可以改变我的人生呢?

心理治疗是答案吗?

我发现大多数来心理治疗中心的人通常怀有戒备的矛盾心理,不知道自己将来是否能够得以改变。对某些人而言,在经历了若干年的挣扎与挫折后,心理治疗通常是他们获得人生快乐秘诀的最后希望。谁是这个秘诀的看护人?当然是心理医生。

毫无疑问,心理医生受益于心理学中的投射作用而获得能力①。心理医生可以是一个治疗师,一个教师,一个专家——实际上在医生开口之前病人已经改变了!由于投射的作用,大多数人会经历最初的迷恋期,在心理医生面前,不由自主地感到"若干年来这是我感觉最好的时候",于是竭力吹捧心理治疗的神奇力量。但接下来,随着治疗阶段的深入,治疗效果开始下降。在治疗初期,由于怀有愉悦的信念:我最终会得到所需要的帮助,于是症状开始减轻。但是后来痛苦地发现现状并无变化,于是症状又依然故我。或者更糟糕的是,头脑中又产生了新的忧虑——现存状况将不会有任何变化!当迷恋这种治疗的劲头一过,发现周而复始的治疗已了无新意,这时就会失望万端。在迷恋期过后,许多人的幻想开始破灭,认识到没有魔力咒语能给自己带来变化。

随着进一步治疗,大多数人不得不放弃不切实际的希望。他们不再等待令人吃惊的突破或迅速的改变,相反,他们开始思考为什么会接受心理治疗,虽然他们已进行了数月的心理治疗,但治疗效果却原地踏步。他们能做什么呢?他们已经耗费了所有的时间和金钱……也许应当再试几个疗程?再试几个月?

结论是什么呢?当说到心理治疗,大多数人的看法又是什么呢?仅是一个暂时依靠的肩膀而已,抑或是性格改变的合理工具?需要质疑的是:心理治疗有用吗,它掌管着改变的秘密吗?简单的回答非"对"即"错"。但在搞清这个似是而非的问题之前,我先要告诉你们我自己挣扎多年的体会及个人训练分析的心得。

是的,改变是可能的

我对待自己的个人分析是十分严肃的。毕竟,假如我要遵循心理治疗建议,我不能假装健康——我必须变得确实健康。我设法做到了这点。我不是

---

① 心理学研究发现,人们在日常生活中常常不自觉地把自己的心理特征(如个性、好恶、欲望、观念、情绪等)归属到别人身上,认为别人也具有同样的特征,如:自己喜欢说谎,就认为别人也总是在欺骗自己;自己自我感觉良好,就认为别人也都认为自己很出色……心理学家们称这种心理现象为"投射效应"。(译者注)

吹嘘,我只是让你真正明白,改变的的确确是可能的。实际上我变成了另外一个人,具有了不同的洞察力、不同的思维和不同的行为方式。"不同"一词可能并不妥当,因为我依然是我,并没有出现某天我醒来之后发现自己变成了另一个人。但我的生活经历却发生了变化,我不再感到脑中充斥着过度思考和忧郁的习惯。我开始放松和享受原来一直躲避我的自发行为。实际上我是第一次实实在在地在生活,而不是忧虑我的生活。这些经历造就了不同。

如果你问我是什么改变了我,我无法回答你。不是从一开始,而是经历了若干年的分析与挣扎,我才有些改变。我成了一个更好的人,不再被不安和不由自主的抵御所笼罩,问题在于连我自己都无法把握到底是什么因素改变了我。不论是因为心理学家的使命感还是由于好奇,我都必须找出答案。那我应当是用荣格分析法还是弗洛伊德分析法?用格式塔心理分析法还是用群体相互影响分析法?我无法告诉你,因为在我经历了所有这些之后,我发生了改变,这一改变决非发生在经历的过程之中,也许它是这些年来积累、观察和努力的结果。不管它是哪种结果,我都需要知道。我还需要能对别人解释清楚。

随着时间的推移,这个问题逐渐明了,我的预感是正确的:改变我的生活的不是任何个别的因素,而是我所有心理努力的综合结果。作为完美的"机会主义者",我从每次治疗的经历中均可获得点点滴滴的收获。随着时光流逝,我把这些观察的结果同我 25 年以上接受别人倾诉的经历两相结合,便有了这本"自我训练"。我将它浓缩为简单的五个步骤。这耗费了我毕生的心血、体现了我求知欲望的最基本的五个步骤能创造你的理想生活。有趣的是,解决我们如何改变的谜底本身并不复杂,但是如同猜谜语,在你知道谜底之前,思索的过程甚至会令人疯狂。

告别医学方法

促进改变的确切机制是什么?注意我没有说"促进治疗"。因为现在是我们应当将视线从医学方法移开的时候了,这一方法在过去的百年支配着心理学。何为医学方法?于初始者而言,如果你去治疗,你会被当成病人;如果你深受焦虑、沮丧情绪或其他公认"症状"的困扰,你就会被视为有心理"疾病"。

你去看医生寻求诊断,医生则会让你描述生活中使你受到挫折的事物:这是医生的心理治疗法。

好,我会尽量不偏不倚。心理学源于早期精神病学大师的影响——弗洛伊德、荣格、阿德勒——他们都是医生。受医学治疗方法的影响,很自然,他们的思维方式必然受制于医学训练。不幸的是,这一偏见在心理治疗方法中也随之而根深蒂固,至今仍顽固地影响着我们对心理学问题的思考。在1948年的经典电影《毒龙潭》中,奥利维亚·德·哈维兰刻画了一个因为抑郁而精神崩溃被送到一家拥挤的州立医院的妇女。影片名"毒龙潭"是指医院充满恐怖气氛的那间病房,病房中绝望的病人受到限制。这部令人耳目一新的电影,以及许多后来类似的影片,为我们理解和消除对心理疾病的恐惧起到了积极作用。

9岁时我无意中听到父亲告诉母亲,如果他不学会放松,会精神失常。(我活到50多岁时,"精神失常"是一个专业术语,用来描述应该被送往医院接受心理分析的人。)精神失常! 我惊呆了。这个困扰我父亲的可怕东西究竟是什么? 有一段时间我一直怯于开口询问,最终我的担忧驱使我向父亲问个明白。父亲料到我偷听了他的谈话,于是随意地告诉我:"如果你不幸患上精神失常,穿着白大褂的人会来到你家,给你穿上紧身衣并把你带走。"如果这还不足以让我的神经眩晕,他继续说:"他们会将你置于一间四面墙上都设置着软垫的病室,并对你实施药物治疗和电击。"电击! 没错——我不由自主地一阵眩目。父亲没注意到我明显的忧伤,总结说:"当你精神失常时,你将无法自制。"

这是我不得不听的全部:你将无法自制! 我当时心烦意乱,现在无法肯定我是否就在那个下午去图书馆拿出我阅读的第一本心理学书——弗洛伊德的《自我与本我》,但我想应该就是在那个下午。我无法理解书中的任何一个字,但拥有这本书使我内心踏实了些。应该告诉你的是,还在我9岁那年,我已经成为一个十足喜爱自寻烦恼的人,担忧一切事物:父母死亡、作业、谁喜欢我以及谁不喜欢我,等等,因此不要以为我会忘了此事。毕竟,如果精神失常会遗传给我,我又该怎么办? 就在那个下午我暗下决心,绝对不能精神失常,不能失控。天啊,如果我能治疗,我就绝不会失控。

以上是我对心理学的介绍。

在我看来,"精神失常"一词已几乎被废除,被更模糊的"精神疾病"一词所替代。你对"疾病"一词会产生怎样的联想? 你生病时,需要看医生,对吗? 为什么是这样? 因为疾病是发生在你身上的身不由己的事,你对它无能为力,你也无法治疗自己。这一解释表明"医治"不由你操控,而是医生的操作范围——它应属于身体疾病。

就我而言,你是否去附近的诊所或飞往维也纳医治都无所谓……等一下,让我就此打住。从现在起,我宁愿用更恰当的词"改变",而不用"医治"一词。即是说,无论你找谁医治,世上没有治疗专家能改变你。改变——所有改变和任何一个改变——都应当来自你本人。需要再次强调的是:创造你理想的生活的能力源于你自己。诚然,治疗专家具备洞察力和指导能力,能够促进你的改变,但你自己也能做到。这就是自我训练的由来。不过,首先要介绍一点背景知识。

"好了,就这样吧"

我获得博士学位后,就到荣格研究所去进行必要的治疗分析。对我的分析进行几年了(是的,几年了),有一天我向医生抱怨时间不够,财力不够,趣味不够。现在回想起来,我不知道我的治疗分析医生当时是出于有意,还是无意的反应,抑或是受了什么刺激,他当时用极度挖苦的口气打断了我:"好了,就这样吧……"此后我没有听进他说的任何一个字。我感到羞辱、惊讶、尴尬。他怎么胆敢如此羞辱我? 我非常生气地离开他的办公室。

那些话在我心中挥之不去,无法释怀。需要指出的是,我到荣格研究所去做治疗,每小时要花费 40 美元,去了之后我却只是大发牢骚而已,这是何等愚蠢的行为。"好了,就这样吧",这句话告诉我——或者说我这样理解它——我不仅对自己的问题思考不成熟,甚至于我已经倒退到这样的境地:我的行为如同幼童,懦弱无能。那些话如同一口洪钟在我耳边不停地轰鸣。他的话刺痛了我的神经! 他怎么敢这样讲?

直到结束治疗后,我方才逐渐明白:他是百分之百正确的——我的行为的确像一个抽噎着发牢骚的孩子。我已经无意中赋予了分析师"父母—保护者—生命秘密的保管者"等崇高的角色形象,我期望他能关照我,使我的方方面面得到改观。我要做的事只是每周去就存在的问题做自由联想(于我而言这是"抱怨"的委婉语)。他说的话,现在看来至关重要,我心中的一些想法转变了。这些话在随后的数年中使我的生活转向了正轨。"好了,就这样吧",这仿佛有魔力的话需要解释一下,你才能理解自我训练的出发点和核心所在。

不要沉溺于被拯救

我认为自己与大多数到心理治疗诊所求诊的人相同,每次治疗(我有过几次治疗经历),我都是到诊所里企求答案,满心希望治疗师能够给出这些答案。我从没想过他会没有答案。抑或,根本就该由我自己来对上述这种想法负责。周而复始,我讲述着自己所受的折磨和做出的努力,期待着精深的分析,我相信某个分析会改变我的生活。

很长时间过去了,我感觉已有些许失望,卸下负担——轻松了些,但没有本质的差异。从某个角度来看,我的情况没有好转是因为我的期望值过高。当你进入治疗诊所时,你自然就开始将解决个人问题的责任移交给了治疗医师。你迅速习惯于倾吐你目前存在的心理问题与精神负担。借助这种倾吐,你会感觉痛苦在减轻。我常常看到这样的情形:有些人第一次与医生交谈后会说:"医生,我感觉好多了,很长时间没有感觉这么好了。"这种现象验证了我上面提到过的过度迷恋治疗的反应,也是我称之为"卸下负担",得到放松的一部分反应。

卸下负担适合于精神高度紧张之时,但作为一种生活方式,它是倒退的和幼稚的,特别是当你开始相信:我现在不用管这事,我可以等到见到我的治疗师为止。一旦你开始相信不必由自己来处理自己的痛苦,或者更糟的是,你认为自己无法处理,而只有某个医生能处理时,你的思维便已凝固了。有的人为什么会年复一年地待在心理诊所呢?因为他们自认为对自己的心理问题束手无策。随着自信的丧失,你会沉溺于一种期望——期望别人来拯救你。

在这种思维方式的影响下,治疗师容易成为拐杖。当你扭伤脚踝,拐杖不可或缺。但随着伤势好转,就需要你扔掉拐杖,加强腿部力量。如果你忽视锻炼,忽视脚踝力量的加强,后果是什么呢? 肌肉萎缩,脚失去功能。于是你只能说,"没有拐杖我无法行走。"心理治疗也一样——假如在较长时间内过分依赖于治疗师,你的生活能力就会萎缩,你会感到没有治疗师的建议你就无法生活。

正是基于这个原因,当我遇到那些心情忧郁而又过度依赖外界的人,我首先要告诉他(她),我的治疗方法有别于传统的方法:为了使个人趋于成熟,提高个人的责任感,我不希望他们在治疗间歇期给我打电话歇斯底里地爆发或质问。(当然,首先我要建立这种治疗方式的基础:告诉他们,我们为什么要这样做以及我们做了什么,并对他们可能出现的紧急情况给予详尽的指导。)起初,大多数人会对这种限制持异议,因为它看来违反常规:治疗师应该拯救你! 我曾给一个人治疗,他惊讶于我的理论,问道:"你是说希望由我自己来解决问题吗?"对,我就是这个意思!

乔安娜,一位 28 岁的秘书,出现了长期的焦虑症状之后来找我。第一次交谈后,我就明显地感到乔安娜不是一个快乐的人,她被焦虑包围着。她长期缺乏自信,穿梭于心理学家和精神病专家中间,寻求能为她卸下精神负担的人。她在电话中显得很幼稚,缺乏自信,为此我录下她的话语回放给她听:

> 卢斯亚尼博士,我知道你不会给我回电话,但恳请你能再考虑一次吗? 我真的需要跟你交谈,真的需要。千真万确! 有人曾说我自寻烦恼,我不知道我这是不是自己作贱自己。我急得快要疯了,请尽快给我回电话。我不想等到下次会诊,请马上给我回电话。我知道你在电话旁! 就这一次,我答应你以后再也不给你打电话了。求求你,求求你,求求你给我打电话。我不想再这样苦苦挣扎了……我需要你打电话……马上!

无法掩饰的幼稚笼罩着乔安娜,使她无法把握自己的命运。她确信我有结束痛苦的魔力语言。你知道吗? 她的幻想只有些许真实。如果我给她回了电话,她会感到被关心,会觉得有人帮她舒缓焦虑的心情,她的世界就不会结束。当她放下听筒后，会感觉轻松。于乔安娜而言，这肯定是她在其他治疗师那里遇到的典型模式，直到有一天他们厌烦了她接二连三的电话。有位治疗师告诉她："你知道你打扰了我吗？你不能让我清静一个周末吗？"

乔安娜对被拯救已经成瘾。我从一开始就在心中树立了更大的目标。我们不得不打破她不由自主地依赖他人的习惯，以建立自我依靠和自信作为开始，这样做的唯一方式就是让乔安娜忍受自己的担忧和歇斯底里。我让她了解自己需要自控之后，又讲了些鼓舞士气的话。我必须让她相信这种不安全感的习惯会让她以为自己无法处理生活中的挑战——但事实是，她能。她需要加强力量——自我力量。第一步是帮助她用若干礼拜去认识：在没有我作为保护者的情况下进行自我调节是必要的。

她很长一段时间都讨厌这样做并因此而讨厌我，但慢慢地她的电话消失了。乔安娜经常迈着沉重的步伐喘着粗气来治疗："是的，我度过了这周。是我，我一个人，谢谢你！"但很快她开始意识到我所做出的最为关键的一步。她认识到自从我没有去拯救她，她不得不做些事情来舒缓自己的情绪。这里要强调的词是她不得不做些事情。这是乔安娜苦难结束的开端。

她明白这点后不久告诉我，"自从我知道你不会给我回电话后，我决定自己处理自己的情况。"虽然充满怨恨，她还是这样做了，而且她做到了！相信我，我满怀热情地对她指出这点（并讲了些鼓舞士气的话）："你真的在做一件了不起的事。不要认为你需要马上理解所有的事——只需度过这段恐慌期，不要放弃，这是第一步。加油，好样的！"

在我写这本书时，乔安娜结束了她的治疗。距今已有几个月了，这段时间，我不仅没接到歇斯底里的电话，而且乔安娜明白了她想从我这里找到的东西实际上就存在于她本人身上，这东西一直都在她身上，只是她不知道而已。她的心理不再脆弱，现在她有了真正的自我力量。

你又如何呢？你相信你能在自己身上找到你所需要的所有东西吗？你是否同他人一样，习惯于自欺欺人，假装说"相信"？如果事实如此，你可能受到补偿心理的影响，向外部去寻觅目标和答案（金钱、力量、地位或控制等），或者你已经受到空虚、焦虑或绝望症状的困扰。现在你应当仔细地反思你的生活，如同照镜子一样,镜子会反映你真实的物质形体。如果尝试着解释你所看到的东西,那你的生活经历会反映你个人演进的真实形象。

让我们从生活质量开始。通常你快乐吗?满意吗?成功吗?或者你觉得不快乐、压抑、被生活挫败吗?有什么明确的表现吗?你厌倦周围的人和事吗?你正在经受着低落的情绪、紧张、压力的折磨吗?这些都是不安全感的反应。自我训练将要利用这一信息来改变你的生活。不要一开始就牢骚满腹,感到困惑不安,否则我就送你一句话:"好了,就这样吧。"

改变的动力

所有的改变始于承认自己拥有转变生活的能力。自我训练将告知你,承担改变自我的责任,就意味着要挑战威胁到你生活的陈旧观念。

拒绝承担个人责任、被误导的人,相信有更轻松的生活方式:如果我能中头奖该多好;如果她能同意该多好;如果我能提升该多好。"如果……该多好"是绝望和逃避责任的说法。实际上你说的是"如果什么什么会发生该多好,我就会负起责任来。"这话就跟"是的,但是……","是的,我想改变,但是太难了。"一样糟。你呢?你为自己逃避责任找借口吗?你正说服自己陷入停滞的生活吗?

你可以通过限制自己使用诸如"如果……该多好"和"是的,但是……"之类的表达,来马上开始改变的过程。通过认识你生活中所发生的事实而不是为自己找借口逃避的方式,来开始增强心理力量。你要更加清楚地懂得:生活的责任能成为接下来的自我训练的出发点。

找出你想要的生活

实际上你能选择自己想要的生活,这似乎有点匪夷所思。但自我训练通过以下三点可以使你相信你能够做到:

- 教你需要改变什么
- 训练你如何改变

● 使你相信你能改变

当我刚开始驾驶时,对大众汽车的发动机一无所知。但凡汽车出了毛病,我总是将车停在路边,打开车盖,随意到处敲敲打打,希望当我碰到某个零件时,会奇迹般地修好这不听使唤的甲壳虫。

在一次特别的受挫经历之后,我决定对自己的无能做点弥补:从汽车代理商那里买了一本修理手册,决定与我的发动机为友。不久以后我就自己更换了火花塞,调整了阀门间隙及定时器。这对初学者而言并非易事。我的自信与技术与日俱增。当我和妻子在国内自驾游时,最严峻的一次考验来了。我们进入了南达科他州的百兰国家公园,把车停在路旁欣赏风景的荒芜之美。稍后返回汽车转动钥匙时,迎接我的不是熟悉的点火器声音而是令人惊惶的沉寂! 如果这事发生在几个月前,我会毫无目标地乱敲,但现在我知道我有了正确的选择。

从工具箱中拿出螺丝刀,我充满自信地躺到车底,找到发动机电磁阀,将螺丝刀搭在它突出的两个螺丝上。随着劈啪响和火星飞溅,发动机正常打火。原来是螺线管坏了,需要助推起动。不必在百兰耗上一个晚上,我们继续往东走——而我,在汽车行驶了许多公里后仍面带笑容。

说到修理汽车,瞎蒙、靠运气的技工是不行的。心理问题也是如此。假如你生活中出现问题,盲目地寻找答案,往往是没有结果的。改变的第一步是为理解和明白打下基础。如果你要修理,需要知道问题何在。这时你需要有一本自我训练,而不是自动修理指南。在接下来的章节里我将为你介绍关于心理挣扎的简单的原理。相信我,它不像发动机那么复杂。实际上,我把它凝炼为两个词:"控制"和"习惯",在以后的章节里你将会看到。

回到汽车的比喻。一旦你理解了问题之所在——让我们把它想象为主汽缸的裂缝——你不需要知道它为什么开始裂缝(历史),你只需知道如何修补它。为什么裂开并不重要,如何修好才重要。自我训练的五个步骤会交给你修理所需要的所有工具。无论是紧急问题或者只是日常维护,你都会知道如何处理。

改变的最后一步是动力。你需要相信自己能够做到。没有支撑这些努力的能量，改变什么和如何改变都变得毫无价值。还记得在前面提到过的乔安娜吗？她的自我意识非常孱弱，她已经习惯于要求她的治疗师抚慰她的每一次惊恐。结果，惊恐却变得更加频繁。简单明了的道理是：如果没有自信力，以及把信心转化为现实的努力和愿望，你就只能继续挣扎。

如果自我怀疑、不信任、不安全感已经把你同生活中快乐的真正源泉隔开，自我训练能够教你回归。它真的能！只需问你自己一个问题："是什么阻碍了我？"回答是："没有！"在你的路上没有东西阻碍你，历来就没有！

问题仍然存在：为什么有些人与成功无缘而其他人似乎冥冥中如有神助？难道生活如同彩票，要么买对了数字，要么一无所有吗？我不相信这种宿命论观点。不是命运决定成败、喜悲，而是由我们对命运所抱的态度来决定。正如莎士比亚所说："亲爱的布鲁特斯，错误不在于命运，而在于我们自己。"

假如错误存在于我们自身，我们应该怎样让自己的命运之舟驶向快乐和激动人心的彼岸呢？正是这个问题促使我拓展自我训练的最初技能。若干年来，我在心理治疗所一直成功地运用，尤其是对治疗焦虑和抑郁有效。你手中握有的东西比这些技能要广泛得多，涉及的能够教你改变的相关项目更多。所有的改变都不仅可能，而且并非那么困难。只要有了理解的前提，加之系统的训练，问题就会迎刃而解。

第 1 部分

自我训练会给你带来什么？

▼
▼
▼
▼

1 自我训练:获得改变的力量

芭芭拉,一位52岁的保险推销员,多年来一直挣扎于冷淡的婚姻、缺乏活力的工作以及乏味的生活中。如同大多数人一样,芭芭拉的问题并没有严重到需要心理治疗的地步。毕竟,她一直继续着自己的生活——以这种或那种方式。在一个很长的时期,她被自贬、自我怀疑所俘虏,对生活缺乏信心。为什么? 没有理由——至少没有合理的、明智的理由。不过,这种状况却成了她生活的一个无法摆脱的组成部分。只是由于丈夫的鼓动,芭芭拉才同意与我交谈,只不过仍然是以她那特有的令人生厌且极为冷漠的态度。几个月下来,她运用我之前写的一本《自我训练:改变焦虑和抑郁的习惯》书中提到的技巧,通过自我训练,芭芭拉终于有了感悟:

> 自己是如何逐渐接受了自己的观点,这非常有趣——即使这观点是扭曲的! 对我的大部分成年生活而言,我仿佛一直在不停地反对自己,寻找告知自己"我不好"的理由。也许过去几个月我学到的最有用的一课就是我有了选择。多年来,我一直选择的结果就是接受我自己的陈旧观点——但我却没有认真地思考过它! 现在我可以只选择"不选择"的消极态度吗?事实看起来很简单、明了,但我在大部分成年生活时期对此却无法理解。

> 我并不完全确信有什么东西会让我完全好转,但它的的确确发生了,我感到兴奋! 这世间的事情仿佛一下子明朗起来。我眼前的生活发生了巨变,仿佛我不得不做的事就是改变原有的轨道,重新调整前进的方向。它怎么会如此轻松?这么多年来我怎么就没能发现呢?

既然最后认清了自己，我需要问：做到满意的第一步是什么？我需要决定想要什么或需要什么。我认识到自己想要的或需要的并非是他想要的，因此我们必须继续协商以求同目标吻合，我希望这会使双方均满意。寻找共同目标是一种积极的举措，但只是迈向正确目标的一小步。我不再像以前那样，我在尝试新的方式。如今冷静地回想过去，我是多么地欠考虑、冲动、焦虑和消极。从现在起我要防止随意的行为、懒惰的方式、欠考虑的认识和草率的回答。以我今天对事物的崭新认识，我可以高声地宣布：这世界上不再有什么是不可能发生的！

去掉斑点

俗话说人类是习惯的动物。如果你跟芭芭拉有相近之处，你可能从来都不会过多地考虑这个说法，尤其是当你试图找出如下的答案时：你的生活前途渺茫，似乎像是永远卡在二档，无法迅速飙飞；或者更糟糕的是，南辕北辙地往相反的方向行进；而其他人看起来非常成功，像是受到神的恩宠；你过得压抑，不停地思考何时或者是否自己的好日子也会到来。也许当时你只有一份没有前途的工作，或者伴随着你的是无休无止的霉运，或者你认为是有前途的工作却在求职时又不断地遭到拒绝。我诊治过的许多人曾把心中不快的原因作过自我分类，却没有意识到自己的坏习惯恰恰是问题之所在。他们认为是命运与他们作对，许多人感到被生活欺骗了，希望有人能将自己从弱势和绝望中拯救出来。

我开了 25 年的私人诊所，了解到人性的许多方面。如果我告诉你许多人前来求诊实际上并非想真的寻求改变，你可能会感到惊讶。但这的确是真的，实际上他们只是想减轻一下自己的心理负担。比如，一个力求完美主义者希望能更加完美，内心却又希望不会有吹毛求疵之感和不称意的烦恼。又如，一个自寻烦恼的人往往令人感到惊讶，他想得到的只不过是想一生当中这些惊讶永不发生。再如，一个强迫自己专心工作的人并不期望放慢速度，他所企求的只是希望偶尔能睡上一晚好觉。

你是否说过很多次："我真的必须改变！"而结果却是依然故我，保持例行习惯呢？如此周而复始使你在矛盾中挣扎。其主要原因在于你已经依附于你的问题——你的不安全感和坏习惯对你的惩罚。这些习惯可能会让你感觉既不舒服也很困难，但你却非常认同它们，以致有人建议你应该试着改变这些习惯时你会与人发生争执。"但是，医生，你不懂，我一辈子都心情紧张。你怎么能指望我放松？"或者，"有些人过着令人艳羡的生活，但却还有像我这样的人过着悲惨的日子。我接触的每一样东西都令人失望。我还是依然故我"。

豹子无法改变身上的斑点。于豹子而言，无法改变身上的斑点是事实；但于你而言，认为无法改变自己则大错特错。如果你被自己的"斑点"限制，无论这些斑点是什么——慵懒、焦虑、自疑、恐惧、惊慌、压抑、漠然抑或是霉运——你应当相信确有一种能使你改变的力量，一种真正的改变，这是本书能教你做出的选择。

自我训练思考

遗憾、不幸的生活并非与生俱来。

一个被许多人忽略了的事实是：遗憾、不幸、挫折或不安全等并非与生俱来，不管你怎么想，一个人一生的努力和奋斗都取决于他对外界的认知和反应。事实上，所有的问题均非先天的。明白了这一点，那么，下面就可以告诉你一个好消息：造成失败的所有因素都是可以克服的。在接下来的章节里，你会知道掌控你不愉快的背后的根源。但更重要的是，你会得知一个生活中的秘密：掌控生活是一个神话！生活完全无法受控。

眼下我只有一个问题问你：如果你不快乐，那为什么还要继续在生活中挣扎？也许你从未意识到原可以不必挣扎，尤其是你已与自己的问题融为一体。比如，你可能会猛地举起手来承认道，"是的，我很懒，这是我的天性。"在这种情况下，你承认了你与自己的懒惰之间没有差异。另外你可能受了错误观念的支配，认为更多的掌控才是解决问题的方法。"没有化妆我怎么能见人。他们将会怎么看我呀？"无论你挣扎、生活受挫的理由是什么，为什么不去改变？

1 自我训练：获得改变的力量

你能改变,本书可以教会你如何去改变——不是通过试图控制你的问题,恰恰相反,而是通过摆脱它们来生活。

在进一步阐述之前,让我们用一个简单的自我测验来检测你将来的生活质量。当你学会了把自我训练的力量并入你的生活之后,你可能会想重做该测验来证明你改变了多少。也有可能你不想麻烦——因为你已知道你的生活变得快乐了许多。你将会拥有这种力量。

生活品质自我测验

请仔细阅读以下问题,凭你的第一感觉回答。请把与你的生活特别符合或特别不符合的答案画圈。即使你对答案不完全确定,也请回答每个问题。评分标准附在题后。

是　否　　我不是一个很积极的人。

是　否　　我通常醒来都会带着对新的一天生活的恐惧。

是　否　　我似乎有许多遗憾。

是　否　　我经常嫉妒别人。

是　否　　我厌恶自己的工作。

是　否　　我不如别人快乐。

是　否　　我怀揣诸多忧虑。

是　否　　我经常喜怒无常或郁闷。

是　否　　我担忧或考虑得太多。

是　否　　我似乎运气不好。

是　否　　我经常以"如果……就好了"来开始考虑问题。

是　否　　我没有安全感。

是　否　　我经常太消极。

是　否　　过去半年我的惊恐发作过不止一次。

是　否　　我通常都会感到自己不如别人。

是　否　　生活是不断的挣扎。

是　否　　　总是有事不称心如意。

是　否　　　我随时自我怀疑。

是　否　　　我办事很拖沓。

是　否　　　我宁可现在谨慎些也不愿将来后悔莫及。

是　否　　　我浪费了太多时间。

是　否　　　我经常做假定推测。

是　否　　　我经常焦虑或紧张。

是　否　　　在人际关系方面我通常只感到竞争。

是　否　　　我经常感觉有不可名状的身体痛苦的折磨。

是　否　　　我经常做噩梦。

是　否　　　我接受过焦虑和抑郁的治疗。

是　否　　　我总是认为还会有最糟的情况出现。

是　否　　　我没有多少兴趣爱好。

是　否　　　我很容易厌倦。

是　否　　　我的开销太大。

是　否　　　我不是一个好听众。

是　否　　　我缺乏毅力。

是　否　　　我很懒。

是　否　　　我一直疲惫。

是　否　　　我羞于开口对别人说不。

是　否　　　我看电视的时间太多。

是　否　　　我的睡眠不好。

是　否　　　我害怕变老。

是　否　　　我经常心怀怨恨。

是　否　　　我的相貌对我太重要了。

是　否　　　我入睡困难。

是　否　　　我吝啬。

是　否　　　我经常酗酒。

是　否　　我对改变有些无所适从。

是　否　　我无法全身心投入工作。

是　否　　我的工作效率低。

是　否　　我一直对别人吹毛求疵。

是　否　　我一直感觉忙碌,时间不够。

是　否　　我认为自己的感情不丰富。

将回答"是"的数目加总,总数为 14 或 14 以下表明你对生活品质满意。自我训练能教你更深入领会生活的真谛,学会无拘无束地生活和享受生活的乐趣。

总数为 15～30,则表明你的生活品质明显受限。可以预见自我训练会在帮助你转变为最快乐的人的过程中,起到巨大的推动作用。

总数为 31 或以上,则表明你的生活品质严重受损。自我训练能让你的生活品质发生翻天覆地的变化。

选择力量

现在到了让自己停止痛苦,开始学习如何推动生活的时候了。你手中握有我告知于你的唯一强有力的武器。多年来我一直把自我训练的技巧运用于实践,帮助世界各地读者。结果反复地证明了一点,即成功和个人的欢乐——无论是在工作方面、人际方面或是你自己的心智方面——你能自己学会做出选择。听起来有点简单,不是吗? 有了正确的理解,加之并不复杂的训练方法来完成,就是这样。

自我训练会把你和你的内部力量结合起来,使你感觉不再受环境、自我怀疑甚至厄运的折磨。你可以通过把自己训练为成功完善的人,从而选择创造你想要的生活。别搞错,改变你生活的力量不是你需要培育或创造的东西——你需要做的仅仅是释放它! 它一直是你的一部分,只不过是被不安全感所掩盖,等待着你去释放。

如何释放你的力量? 很简单:把阻碍这种力量的自我怀疑与不安全感这

一绊脚石搬掉。如果你做到这点，你的力量即随之而来。这完全取决于你自己。如果你已经拥有这种力量，为什么不用？你必须扔掉的东西是痛苦。

自我训练思考

你是什么样的人，有什么成就，你的生活何去何从，这些都是选择的结果

你具有选择生活的力量，这一信念可能会需要花费一些时间来接受。在此，我想进一步阐述选择的观念。我认为，生活本身就是选择。你个人目前的现状就是你一生选择的最终结果，虽然对此可能有些难以理解。正如一幢建筑由若干单独的砖组成，你做出的每一步生活选择组成了今天你这个人——一个接一个的选择。你越早知道对你的选择负责，对你的想法负责，对你的态度负责，你就会越早拥有你想要得到的生活。

自我训练带来更多意义

既然自我训练迥异于传统治疗方法和其他自我帮助的方法，那么我不希望你把它视为治疗，而是把它看作训练，自我训练。虽然自我训练来源于完整的心理学和心理治疗原则，但它却不仅仅是解决问题的一种迥然不同的方法，同时也是一种革命性的崭新心态。为此，你可以忘掉过去的不快，也没有必要去挖掘痛苦的根源。

正如我在导论中提到的那样，自我训练并不关注你产生问题的原因，虽然这种想法初听起来很极端。就跟你是想戒烟的烟民，追究为何抽上第一支烟这个问题很重要吗？当然不，重要的只是你要改掉抽烟这个习惯。假设你的目标是创造理想的生活，那么，唯一重要的事就是改掉原有的那些操控你的生活以及造成你不安全感的旧习惯。正是这些旧习惯破坏和操控着你原来的生活。因此，相比找出你为什么不安全和挣扎的原因来，自我训练的五步基本步骤会略胜一筹，它让你不再追究"为什么"而是"怎么做"。

我在高中时参加过的一场橄榄球赛，能有助于解释更传统的治疗方法与自我训练力量之间的差异。中场休息时，我们的精神如同浸泡在11月的冷雨

之中,阴暗而寒冷。我们丢掉了三次达阵得分的机会,情绪低落地步入更衣室。室内一片沉寂。我们预料布朗教练会勃然大怒。刚开始时他的情绪还比较缓和,随后即极度激动,而后迅速地变为大嚷大叫、狂怒、咆哮,用他眼中的怒火把我们的头盔踢掉。告诉你吧,太神奇了!心情、气氛——无论是什么——全都转变了。我们的肾上腺素含量增高,心脏跳动加快,咆哮着返回球场——我们是一群自信、骁勇、坚定的战士。

尽管我们在加时赛输掉了那场比赛,但同中场休息时我们自甘失败相比,我认为这是一个完全令人满意的胜利。我们揣着骄傲与尊严走出了赛场。这正是一个教练能做的。教练煽动情绪,逆转消极、胜利无望的心态和灌输"能做到"的哲学观。

你能想象如果在中场休息时,是一个心理学家而非教练来给我们球队发表讲话会是什么情境吗?很可能会这样:"好的,孩子们,平静下来思考一下。被人抽屁股感觉如何呢?来吧,不要害怕把它说出来,如果你感觉心烦意乱,我们有大量的纸巾供你擦掉流下的泪水。"我认为不应当是这样!当生活陷入无力消极的泥沼时,我们不需要高度自制、反思的方法。我们需要积极的、参与的、鼓舞人心的、令人奋发的语言,这样的语言能让人产生欲望及渴望成功的结果。我们需要点燃"能做到"的火焰。自我训练与心理治疗相比,最重要的区别在于:心理治疗是被动的、反思式的且疗效慢;自我训练则是积极的、参与的且疗效快。自我训练并不复杂的训练项目,将教你如何消除不安全感和无用的习惯,用成功而富有成效的生活来取而代之。

战胜所有问题

在我开设私人诊所的若干年中,我对人们似乎无法成功和得到个人欢愉的所有原因了如指掌。如同回声通过隧道会回响,而不安的回声会伴随你的生活,扭曲你的所有观念。吉尼是一位生活充满了各种破坏性的年轻女性,她的案例能说明自我训练是如何解决问题的。

我初次见到吉尼,她只有 22 岁,却生活在要彻底垮掉的危险之中。她每日吸食大麻成瘾,酗酒狂饮,抑郁焦躁情绪与日俱增。她恼怒、敌视、痛苦、担忧。家庭生活乱七八糟。父母离异。她很少见到父亲，即使见到，也会很快爆发冲突。同样，她与母亲的关系也开始完全失控，伴随而来的是敌意和完全缺乏宽容。

正如你想象的那样，吉尼的社会生活一塌糊涂。她一门心思想找男人，反正能为她的毒瘾酒瘾提供资金，让她达到兴奋就行。她早就放弃了与同伴保持严肃性爱的关系，并尽量不去想她的路将走往何方，她拼命地让自己亢奋。对吉尼而言，毒品和酒精是她从无法忍受的极度混沌无序的世界中逃逸的唯一方式，在这个世界中，希望被渺茫辛酸所取代，找不到出路。

我们交流了她最近经受的精神伤害，因为汽车保险急需付费，她向父亲要钱，却被粗暴地拒绝了，吉尼回忆起当时的情景是，她的强烈愤怒吞噬了所有的思维，令她大喊大叫、诅咒、摔碗碟。这次事件后随之而来的是吉尼若干天的自损行为。

接受挑战

吉尼的纸条写道，她注定要永远成为自私、缺乏父爱的受害者，这迫使她继续寻找认同、支持，甚至还有爱。吉尼不能完全接受父亲的缺点。她怎么能呢？如果吉尼承认父亲从来无法给予她需要的爱，那么她仍将有着不完整的人生。自我谈话(见第 2 部分)教吉尼开始正视她对不安全感和拒绝的理解，不是作为假设而是作为习惯。吉尼的习惯可以描述为:除非父亲给我所需的东西，否则我将永远不会 OK。我会一直是个小姑娘，希望"爹地"让我感觉好些。

吉尼没有认清她与父亲之间的真实关系。恰恰相反，吉尼自以为自己无畏、独立、坚韧。当我首次向她介绍这种观点时，她几乎窒息了。吉尼不知道自己不安全的习惯，这没有关系;有关系的只是这种习惯把她的生活指向了死胡同! 一旦开始挑战自己的习惯，她的一切都将改变。在这一点上，事实会慢慢显现出来。事实是什么? 就是她很好——真的很好! 一直都好。但最重要的是，她需要认清她不需要依赖她的父亲，需要体验自己的成熟与力量。直到现在，她的不安全感习惯已经完全阻碍了这一解决问题的简单方法。

要记住，像吉尼这样的习惯并非出自故意、有意的决定。"现在我正逐渐感觉不安全。"不安的习惯很久以前即已变为自动、反射性的主题,在我们生活中回响和重复。这里存在最大的风险是:这些习惯不会自行消失。除非你主动挑战并粉碎它们,否则它们能够破坏你所有的生活。如同背囊,你会若干年都将这些习惯紧紧地箍在背上,从来意识不到还有其他的选择。

你呢? 有没有束缚你的背囊?

选择之后

自我训练让吉尼改变思路,她最后打破了若干年前即有的视为正常的心态和软弱的习惯。不再永远像愤怒的小女孩那样指望被拯救,吉尼学着求助于自己,这正是她的力量等待她的地方。一旦自我怀疑被自信所替代,生活便开始翱翔。吉尼开始康复,停止酗酒吸毒,参加基督教青年会排球队,决定去当地社区大学学习。不久前吉尼发来的电子邮件告诉我她最近连续得到良的成绩,今后成为记者大有希望。吉尼在处理好上述事宜时,还同时干着两份工作,买了车还开始进行小额投资。难怪她最喜欢的书是霍雷肖·阿尔杰的《衣衫褴褛的狄克》:关于白手起家成为亿万富翁的故事!

吉尼的成功在你看来可能已被夸大其词,其实不然。当你自身融入力量的时候,绝不会是夸大其词。加强自信与信任的本能储蓄,没有什么是无法超越的。吉尼当初找我时已濒临自我毁灭。她的堕落的生活方式给她带来巨大的不安全感与自我怀疑。当她因吸毒而兴奋时,感觉能自控,不会受到伤害。一旦平静下来,就会感觉恐惧、愤怒、缺乏自尊和怀疑。自我训练不会改变吉尼的外部环境(她依然很少见到父亲,父亲依然冷漠),但通过教她如何摆脱怀疑的本性,换之以自信,从而改变不安全的想法。

自我训练思考

如果允许不安全感在你的生活中回响,就不要指望拥有生活。

你会在本书第3章中了解有关不安全感的一切知识,但现在要知道,如果你允许不安全感扰乱你的思维,它定会做出一件影响你的生活质量的事来。

它会用怀疑、不信任、软弱来迷惑你,如同你在走路时,无法把一只脚迈向北而另一只脚却跨向南,不安全感也是如此。一方面你渴望快乐充实的生活,而另一方面你则因为不安全感而把生命消耗殆尽。最终结果则是:你的生活被惰性搞得四分五裂,却又一成不变。

无论你是 16 岁还是 60 岁,当你情感受困,受惰性的折磨,内心产生令人不安的焦虑、恐慌、消极,或只是感觉生活中饱受失败之苦时,自我训练可以教你,如吉尼所为,彻底改变自己的生活,把你从不安全感的桎梏和习惯中解放出来。成为这方面的赢家并非难事。事实上,有了自我训练基本五步,你会发现此事更加直接明了。如果吉尼可以做到,你同样能够做到。

用两个铿锵有力的词来转变你的生活

简单来说这个问题吧。两个有力的词是"控制"和"习惯"。就两个词——这是你转变生活所需的全部。控制是指试图掌控、操纵生活,因为你已经逐渐不信任自己处理生活的自然、自发的能力。习惯是指已成为自动的特别的控制范式,如焦虑、反复思考、完美主义等。理解控制和习惯如何通过你的生活产生回响,是拆除最顽固、最有抵抗力的问题症结之所在。听起来可能感觉太简单,甚至有点异想天开,但就是这样。如果你能接受无法观察到的观念,如物质世界是由分子、原子和亚原子组成,那你就应该能够接受这种心理学观点:你已拥有改变自己和生活所需要的全部东西。即使你无法看到它……但的确如此。

自我训练力量练习

无论你当前何思何想,但在周期性的每日练习中,请让自己相信自己所需要的全部就是愉快成功的生活,你已经拥有。那就请你自己放松,接受上述这一基本概念——即使最初只有几秒钟。不要让自己打败它。事实上你仍在习惯性的怀疑与犹豫中怀有期待地挣扎,但于现在而言,接受它就当它是真的。这种技巧的最重要性在于,你开始感觉到生活赋予你的是力量而不是伤害。以后,当你在自我训练项目中获得进步,就不会感到有困难了,你会心悦诚服。

2 选择快乐，选择恰当的人生目标

　　我不知道你是怎样，但对我而言，最沮丧的经历是迷失。几年前，我和妻子克伦前往加州。正值八月，我们在南达科他州黑山拉皮德城北部露营地驻脚。一大清早醒来，在静悄悄的黎明前的光亮中，我注意到我们帐篷篷顶的形状有明显变化——仿佛有人坐在上面！从睡袋中爬出来，我的第一感受就是寒冷。仅穿着短裤和 T 恤，我用毯子裹住肩膀，把帐篷拉链拉下，我遇到两件事：使人颤栗的寒风，还有地上至少积了一尺厚的新鲜落雪！这才是八月啊！

　　顶着刺骨的寒风，我们迅速拆下帐篷，决定放弃向北行进——改向正南方，前往科罗拉多大峡谷，那里很温暖。我们离开拉皮德城，仿佛已经看到第二天晚上亚利桑那炽热的营火。我的妻子看着地图，注意到有一条斜路，它显然可以让我们在寒冷的乡村少走约一百公里。妻子建议走这条捷径。带着些许惊恐，我们放弃了州际间的高速路，顺着刚发现的这条路向正南方前进。

　　大约三小时后，我们被一块指路牌难住了，上面写着"公路末端一公里"。不知道应该如何理解这个路牌，我们猜测它跟我们在新泽西州收费高速公路看到的路牌相似，道路指示会持续一两公里——没意思，一派胡言。但实际上一公里之后就是道路的尽头了，出现在我们眼前的是一条极为简陋的黄泥路。即便如此，我仍然乐观地认为，除了这段路不规则外，再往前其他的路段都会很好走，于是我们继续开车前进。这时雪已经变为小雨，我们正行驶在更高海拔的路上。雨带来的则是泥泞。一个小时慢行之后，我感到我的福特都灵车的轮子开始慢慢往下陷，继而越来越危险。显然，我们要么返回，要么冒着车轮陷入泥潭的危险。我走下车观察情势，勉强做出决定。周围只有闲逛的牛，没有文明社会的标志，而我们的汽油桶空了一半——我们不得不往回返。那晚夜深之时,我们才把车开回拉皮德城,又累又沮丧。在当地商店买了催化加热器之后,我们试图熬过又一个寒冷潮湿的夜晚,梦想着早些离开这个鬼地方。

生活中有时候很容易受捷径或其他目标的误导,产生幻觉,思想发生摇摆。之所以有幻觉,则是由狡猾、运气或乐观所致。我们可能会领会到如何回避生活中更传统的道路。在一些人眼中,金钱、权力和地位是保证快乐的全部准捷径。而我则告诉你,这些只不过是快乐的幻觉而已。当你发现自己的方向已经迈错,就不要继续在问题中越陷越深——回到干线高速路是你理所当然做出的选择。

不必进行无休无止的或是不厌其烦的哲学讨论,让我向你介绍一下生活中真正起作用的"高速路":追求快乐。这四个字的涵义是:快乐是什么?我们希望的快乐以及你能拥有的快乐……假如你愿意把控制与人类自然的本性相交换。快乐是天然的、自发的人类本性。你所需要做的就是搬开阻碍它的东西。一旦你停止用不安和控制来阻塞自己的生活,自发的、天然的生活能量就会自动迸发。

解释快乐

成功是得到你所想要的。快乐是欣赏你所得到的。

——戴尔·卡耐基

已经 25 年有余,我仔细地倾听了人们告诉我想从生活中得到什么。我可以肯定,一旦消除了错误的目标,大多数人都希望生活得快乐。快乐可以解释为安宁满意的状态,源于生活和本性的和谐。反之亦然:杂乱不幸的生活源于扭曲你真实本性的不安全感。快乐可分为 3 部分:

- 个人快乐
- 事业快乐
- 社交/联系快乐

解释个人快乐：释放

正如本·富兰克林曾经说过，"宪法只给予你追求幸福的权利。你必须抓住它。"当不安全感开始操控你的生活时，幸福便戛然而止。当生活被控制所驱使，你便失去了真实或持续的快乐。虽然我满心赞同富兰克林先生对幸福的诠释，但我反对一个词。我认为，幸福不像你松开手飘走的某样东西一样可以用手抓住。几周前我刚好目睹了一个可以说明这个问题的极佳例子。

有位朋友从纽约市来拜访我们，带来了一只能找回猎物的拉布拉多猎狗，名字叫考比。我的儿子贾斯廷很呵护狗，他把考比颈上的皮带解下，在花园里扔了一个网球，让狗去拿回来。考比对我家偌大的空间很不熟悉，它欢跳着不时发出难以抑制的叫声。我知道狗不会笑，但从它的叫声可知，这已是一条快乐的狗。城市狗过着无法释放本能的生活，它们的快乐受皮颈带的长度限制。

不安如同皮颈带把你拴在有限的生活经历范围内。自我训练是一种解开皮颈带，让快乐爆发出来的方法。如同不必教考比怎样才能兴高采烈一样，一旦你摘下代表不安想法的皮颈带，其他所有事情都会自然发生。

与快乐、生活息息相关的个人幸福，是自我训练的首要因素。我给大家介绍克莱尔，一位中年顾问，曾参加过我写书时有关自我训练的谈话。她的经历不仅反映了个人快乐的本质，也反映出自我训练的精髓：

> 在我的记忆里，一直都塞满了愤怒、担忧、焦虑、挑剔和悲伤。如果我的生活中曾有过最美好的时光，那也属于过去，而未来则暗淡无光。我无法想象我的字典里会出现希望、乐观与一切皆有可能等字眼，这些字眼的出现是在自我训练之后。我现在的生活状态很好，每天心怀憧憬。我知道无论面临何种挑战，我都要尽力做到最好。现在我很放松，我也惊讶于自己现在会有这样的状态。

> 回忆以往那些日子，当时我的状态不是件令人愉快的事。我刚见到卢斯亚尼博士时，我想我准是表现出了不信任与批评的神态。我没有从事自己想做的事，担忧未来，心情阴郁，对自己和家人都吹毛求疵，甚至连简单的决定也难以做出。我的社会生活由与邮递员

开玩笑,为难电话推销员组成。

在进行自我训练之后,我曾到近处旅游,特意选择一些不熟悉的道路来看它们将去向何方。也有了多个冒险的想法,我会进行一些尝试而不用去考虑其后果!之所以会产生这个想法,则来自卢斯亚尼博士的谈话内容,他说应当通过冒险来活出真实的人生。我决定试试,为此我做的第一件事就是送中餐外卖。我对自己说不必完美,只要乐在其中即可。我带着冲动去冒险,而不再像以往坐立不安。我从没吃过一顿用自由调味的饭,味道真是美极了。

接下来的尝试与我自制的一坛草莓酱相关。我想送一些给新邻居,但我顾虑重重:不知他们是否吃酱;不知他们是否认为只送一坛会显得小气;还不知把酱拿过去是否会打扰他们。或许我应该先打个电话,但我不知道他们的号码。也许我本来就不应当产生这个念头,应该彻底忘记此事。哎!真是难死人!之后,我停止反复思量,提醒自己不必每一步都尽善尽美,只要显示出慷慨大方即可。于是,我把酱送过去,在邻居家中待了一个小时,边喝咖啡边聊天,最后交了位新朋友。

在这之后,我认识到犹豫与不安全感的习惯让我的认知观发生扭曲,长期禁锢了我的生活。把认知转化为行动并非易事,但我逐渐学会提醒自己:不必受消极事物或情感的影响;我对待生活的新的方式会带来新的生活结果;如果我相信有糟糕的事物,我也相信会有美好的事物。

快乐与成功

事业的成就与快乐息息相关。一个人对其所从事的工作及其感受往往会对其产生巨大的影响:"但是,医生,我如何能感觉到成功?我只是个足不出户的母亲。"抑或,"我大学肄业;现在做任何事都太晚了。"也许最常见的感慨是:"我的工作/生活/学校太乏味了,真让我憎恨!"说到快乐,我相信安·兰德斯①或艾比盖尔·冯布伦②会同意这个观点:作为一个人,明白你是什么样的人比你会做什么样的事更为重要。我基本同意这个观点。我同意作为一个人,你是什么样的人——你的自尊,你的自我评价能力——是你真实而持续的快乐不可或缺的部分。但我也知道既然你每天正从事的工作令你痛苦,你的快乐必定大打折扣。

快乐的更完整的定义是什么? 自我训练会对上述定义提供以下补充:作为一个人,你是什么样的人比你会做什么样的事更重要。你在生活中的作为不如你对作为的自我感受更重要。

找出我们所做之事的意义及对意义的表达,这是完全健康正常的想法。当我们沮丧、闭塞或者找不到这种表达,我们会感到失落甚至抑郁。有一部分问题可归结为我们如何看待成功与失败。我们时常犯错,把自己平凡的、朝九晚五的生活与百万大亨坐着豪华轿车在城里兜风比较,或与在法国南部另有一套别墅的好莱坞明星比较。

这样的比较会带有怀疑、遗憾与不现实的期望,有意或无意地影响到你的生活。毕竟,狗仔队不可能每天都跟着你,为你照下烹饪的照片、遛狗的照片,或对孩子吼叫的照片(除非你是大牌明星)。这种反差会使你认为自己在无聊的世界里过着无聊的生活。

如果你问别人:"修桥与擦地板相比,哪份工作更重要?"别人很可能会一脸疑惑地告诉你,修桥显然要比擦地板重要得多。这种反应代表了世俗之见。但从纯心理学角度来看,我们真的能说修桥比擦地板更重要吗? 我说不能。原因在于,在生活中,快乐的关键因素不在于你正在做什么,而在于你能从你正从事的工作中获得什么。此事与修桥或擦地板无关,有关的则是修桥或擦地板的经历对你意味着什么。

如果你足够幸运,拥有一份与你的才智和需要相符的职业,那你真是上帝

---

① 《芝加哥论坛报》专栏作家。(译者注)

② 一位专栏女作家,开设专栏《亲爱的艾比》,这个专栏始于1956年,如今这个咨询性的专栏由其女儿珍·菲力普接掌。(译者注)

的宠儿。我认识一位庭园设计师,大家都亲热地称他为"罂粟花"。罂粟花醉心于他的工作,以至于该退休时仍依依难舍。后来他迫使自己从这份工作中解脱出来。他对工作的醉心具有感染力。当他的工作由独生子里基出面接替时,我和罂粟花通常去当地石场或植物店淘宝。跟着罂粟花围着苗圃转如同跟着一个在玩具店的小孩——他无法自制。罂粟花陶醉于他的工作,他告诉我经常会在凌晨两三点醒来时,突然感到灵光一现。他是一位在植物园里倾诉灵魂的艺术家。我不知道你的情况,但我知道许多像罂粟花这样的人——全心全意工作的人们。我碰到的大多数人似乎在工作中都很沉闷。做一天和尚撞一天钟的人,认为工作只有一个理由——不得已而为之。于他们而言,一大早起床工作是件苦差事,当然不是快乐。

你呢? 你每天也是带着听之任之、挫败或绝望的态度生活吗? 当然你会找到为什么会处于这样心态的理由。生活的具体需求不容忽视,比如把面包端上餐桌,还清汽车贷款,为孩子的大学费用或者为明年暑假旅游攒钱。也许你真的想找一份更满意的工作,投出简历,打了若干电话,但终归泥牛入海。当你退缩时,感到很无助,会不由自主地认为:"噢,这就是我的命! 我已经尽力而为了。"我曾经看过的一位患者告诉我:"我当然不喜欢自己正在做的事。所以人们把它称之为工作,对吧?"

因此眼下你可能感觉无助,可供你选择的工作机会也许还没有。我不会怀疑这样的事实,我怀疑的是你没有另做。假定你暂时没有选择工作的条件,但你在生活方面应该有更满意的选择——无论你的工作环境如何!

战胜厌倦和漠然

不安常常会带来对某些生活挑战漠然的倾向。这种漠然的情感我们称之为厌倦。因此在心中铭记厌倦的另一个词是漠然。通常,厌倦——漠然——只是让你疏远失败感或挫折感的一种尝试。当你面临受挫、失控或被不安情绪控制之时,你的反应可能是:"我无法摆脱目前的状况!"甚至你的人际关系也会带来同样的反应,嘲讽他人的行为:"约翰真没劲。居然要浪费时间去进行婚姻咨询?"医生可以允许你在厌倦和漠然的形式下呈现孤立状态或消极状态,目的是为了让你处于自控状态。如果换一个思路,你可以对现状作出另外的选择:"如果我被炒鱿鱼了,又有啥关系呢?谁稀罕这份工作?我有更富于创造性的事要做。"或者,"不,我不能花太多时间来关注花心丈夫的一举一动;我有更重要的事要做。我把自己看成是同另外一个人结的婚。"

请不要误会。如果你真的在工作或人际关系方面感到束手无策,这也无所谓。我并不反对你拥有更满意的工作、更刺激的经历。我现在要说的是,无论你当前的状态如何,你不必感觉漠然或厌倦——你有其他选择!关键在于要学会全神贯注于你所做之事。无论你伐木或担水,全身心地投入是带来改变的关键。在接下来的章节中,自我训练会教给你具体的解决方法,用以学会全身心投入并带来生活的改变。现在,先通过略加思考让你所做之事更有意义,以此为打破消极思维方式奠定基础。尝试充满热情,不要让漠然蔓延。

自我训练思考

怀着自豪的心情做事,没有厌倦,只有快乐。

自我训练力量练习

无论是你的日常工作、日常家务,或是生活的正常需求,如果你因此正在挣扎,一个简单的解决办法就是尽力保持兴趣。只要你觉得自己陷入困境,抱怨或老想着快下班,心中就默想:热情强过漠然。从现在起,你应该选择与周围环境保持和谐,积极参与其中,这要强过耽于幻想。记住:热情才是正确选择。你会发现如果你全神贯注于自己所做之事,你会有解决厌倦的办法,同时也会明白如何过才更有意义。热情强过漠然。

社交/联系快乐

这是快乐三步曲的最后一个元素。社交/联系快乐与个人快乐、事业快乐同等重要。所谓"社交/联系快乐",是指在生活中与他人有适当的联系和较为亲密的接触,把个人融入社会并从这种融入所得到的快乐。人类是社会动物,一旦有机会,就会寻求社会关系。这一观点在2001年9月11日上午我遭遇的一件事情上表现得淋漓尽致。那天是星期二,我从容不迫地去曼哈顿上班,突然收音机里断断续续播出的一条新闻打破了我原来的心境：一架飞机撞上了世贸大厦双子星大楼中的一个——浓烟滚滚，当我把车开到收费站时也目睹了这一事实。

之后，当我的车开到乔治·华盛顿大桥时，我想准会有长长的观望者队伍，因为在这里看双子星大楼一览无余。不出所料，车辆徐徐行进，当我开到桥头时，交通已完全瘫痪。这条疯狂的新闻的相关报道充斥着收音机。当第二架飞机撞向第二座大楼时，电台播音员已完全变得歇斯底里。怀着怀疑和复杂的情感，我走下车，用难以置信的目光与其他人交流，所有人都被这场匪夷所思永生难忘的惊天浩劫惊呆了。

有些人在哭泣，有些人在诅咒，其他克制自己情绪的人则目瞪口呆，但所有的人都盯着湛蓝天空中又黄又黑的浓烟，不相信眼前所发生的一切。直到南楼坍塌，我才注意到发生了一些令人吃惊的事。我们都知道纽约人一向冷漠无情，但当所有的人都处于极度痛苦的恐惧、血液凝固之时，所有的一切都改变了。不知何故，我们站在桥上的每一个人开始彼此走近，而不再远远驻立。

后来，在我们离开大桥之前，我注意到大家已紧紧相依，肩并着肩。我们的"家园"被侵犯被破坏。我们，作为一个大家庭，正在受到攻击！我们个人微小的身躯，明显无法应对这起不可理喻的恐怖事件。我们彼此需要，我们既需要身体上也需要心理上团结起来。不知何故，我们本能地感受到这一点。我们身上的某种东西指引我们这样做，让我们团结起来，陌生人紧紧靠着陌生人。

在我看来，有了合适的环境，人类自然会产生彼此联系的欲望。如果彼此联系如此重要，为什么本应水到渠成之事做起来却如此……不自然？之所以会发生这种看来自相矛盾之事的深层原因是：当不安全感碰到下意识的习惯思维——我称之为反射思维（第 6 章有详细阐述）时，不安给大多数人营造了不自然、孤立的、掌控的生活方式。毕竟，与另外一个人联系是危险的。对一个倾向掌控的人来说，经常会疑虑重重："我怎么知道他是不是在利用我呢？""如果她认为我是在挖苦她该怎么办呢？"

许多曾经进过心理治疗所的人，在很久以前就用情感控制替代了合理社交。为了控制感情，则需把情感稀释、过滤和审查。所做的这一切，目的都是为了消除会受到攻击的危险，或把这种危险最小化。过滤过程造成了社会生活的瓶颈，只是在极少数情况下，自然的联系才会发生。

我是怎样知道性和爱是自然的？因为只要我看到不安消除的时候，就会看到情感上更开放。每次都是如此！一旦停止控制生活，你就开始相信你能处理脆弱的亲密关系。显然，对大多数不受情感约束之人而言，是没有这方面需求的。毫无疑问，在性或爱的方面冒险会使你受到许多方面的挑战。但如果你不接受这种挑战，可对你作预先警告：如果你坚持控制与他人的关系，那你得到的注定只是肤浅的关系。我有位朋友曾经对这一观点开玩笑地回应："爱过并失去爱强过爱过并得到。"他说得极其认真。如果你逃避爱——合法的爱——你就绝对不会知道真正的快乐。

说到爱与性，有许多障碍。如果你是一个克制的人（你在世人面前留下的印象），当让你热情奔放些时，你可能会感到羞怯。"我不能让他觉得我很享受性爱。他会希望我是哪种女孩呢？"或者，"我当然应该克制；我无法判断开放的后果。"面临与他人的关系，害怕自己的行为被拒的心理会成为一个障碍。对许多人而言，尤其是男人，浪漫的性表现会成为特别敏感、难以处理的话题。

受媒体大肆宣传的驱动，诸如共同达到性高潮，长时间坚挺或其他荒诞说法，许多男子被迫在性爱中自我监视。这种自己表现审视和评估造成了他们的不安全感，从而导致性欲无法得到释放，因此，也根本无法达到高潮。女人，由于她们不需要像男人一样担心这些技巧的表现，于是很少受这类忧虑的影响。很少受影响，并不等于完全不受影响。对她们来说，更多的担忧重点是放在外形上而不是床上，这就是注意力转移。

自我怀疑、不安全感及掌控是性杀手。性依赖于你从大脑中释放出来的更自然、更本能的情感的引导，应当信任这种引导，并允许这种引导的释放。如果你发现自己在观察或评估，那么心情极度喜悦的时间就会大打折扣。充满不安的想法会对身边事物失去兴趣，只会浇灭火焰，使你相信你需要"抑制"或"不要过度兴奋"。

如你现在所知,不安全感憎恨冒险;如果你从来就没有冒险做过改变,不安全感则会一直笼罩着你。尽管还在犹豫,但你需要冒险去相信,因为"你是谁"这个问题不必受不安全感的监控。一旦你冒险确信了,那就只是一个释放的问题了。假定,如果你不习惯于信任自己(或你的搭档),这种观念的改变即使不是鲁莽的,可能听起来也很不明智;但却能挽救你的爱和生活。因此继续前进,勇敢些,停止逃避。冒险感受你所感受的一切——让该来的来吧。要么你会发现自己与世界格格不入,要么你会拥有一份真实的性关系和深度的生活。在我看来,我们谈论的是是否要拥有生活。对此,要由你自己来决定。

最后,在性关系方面,性经历往往反映两人之间真实的关系。如果你的性经历是有创造性和放荡不羁的,你在性关系上可能会有着同样的体会。但是,如果你的生理所联系的是机械的、顽固的,永远是在同样意义层次上的对事物的认识,你的性关系就会被情感所控制,被陈腐观念所限制。在爱和性关系方面,目标应是发展下去。你的性关系的每一方面都应反映出你和你的情感的自然的、自发的表达。如果没有,那就可能应该采取自我训练了。

误导的目标:你为何不快乐

富裕的人不是拥有最多的人,而是需求最少的人。

——格兰德玛·卢西恩尼

当说到生活中真正重要的事,许多人发现自己被我所说的误导的目标所欺骗。你如何知道自己的目标是否合理呢? 如果你想避免不必要的挫折感和浪费宝贵的时间,那么回答这个问题显然极其重要。

"误导的目标"自我测试

请仔细阅读以下各题,凭你的第一感觉回答。把与你生活最相符或最不相符的答案画圈。即使你不完全确定,也要回答每个问题。评分标准附在题后。

是　否　　我是一个爱嫉妒的人。

是　否　我经常希望能更加确定自己是谁。

是　否　你绝不可能拥有足够的钱。

是　否　我向来以貌取人。

是　否　我的竞争意识过于强烈。

是　否　如果我没有掌控事物,就会不快乐。

是　否　我有恃强凌弱或利用别人的习惯。

是　否　我经常希望自己出名。

是　否　我必须比别人过得好。

是　否　道路状况不良我会发火。

是　否　工作中获得升迁很重要。

是　否　我必须让人们尊重我。

是　否　我害怕失败。

是　否　我不反对利用他人来获得成功。

是　否　金钱能买到快乐。

是　否　如果不是最贵的东西,我宁愿不用。

是　否　我愿意牺牲生活中的大多数东西来获得成功。

是　否　我父母的外形对我非常重要。

得出你回答"是"的题目的总数。6 个及其以下表明你没有过度受到误导目标的驱使。自我训练可以提高你对目标和愿望更深层次的认识,这才是生活中真正重要的事。

7 ~ 12 个表明你受到误导目标的一定程度的影响。不安全感控制了你的认知,从而影响了你对快乐的真正感受。自我训练能为你的全面快乐带来显著改变。

12 个及其以上表明你的目标的的确确被误导了。你的生活受到这些被不安全感扭曲的观念的威胁。自我训练能明显改变你的观点——你将学会追求合意和快乐的目标,而不是控制这些目标。

被误导的生活目标

被不安全感驱动的生活目标,如同你将在本书中会接触到的许多概念一样,会变成问题而不是解决问题的方法。不安驱动型目标是受误导的目标,意味着要小心你的目标,因为它可能会化梦想而成为现实中的问题。简单说来,任何被不安全感驱动的目标都是关于控制——而非实现。虽然有大量的误导目标,我将其归结为三宗罪:

1. 金钱——积蓄金钱,将其与安全感和快乐等同

2. 权力——追求权势,将其与忠诚等同

3. 地位——渴望地位,将其与性、受爱戴和受尊重等同

对金钱、权势和地位的渴求可以直接通过你的行为来表述。比如,当不安全感驱使你渴望获得劳斯莱斯时,这种行为(拥有劳斯莱斯)是金钱万能的表述、权力感受的表述、地位信号的表述,或是三者的综合表述。通过观察他们是否试图掌控,可以把不安全感驱动下的劳斯莱斯车主与其他车主区别开来。比如,金钱说,我能买到安全感和快乐。权力说,我能得到忠诚,不会受到伤害。地位说,我非常重要,人们会因此而爱戴我、尊重我。

误导目标之一：金钱

金钱仅仅迎合了自私。试问谁能想象出摩西、耶酥或甘地拿着卡内基①钱袋的形象呢?

——艾伯特·爱因斯坦

丹尼斯是一位 35 岁的销售员,对生活的不满和缺乏成功感,让他在夜里辗转反侧,难以入寐。他认为一旦我听了他的故事,就会帮他找出无法富裕、成功的原因。结果,让丹尼斯无法达到预期目标的原因,是他无法适应环境,

---

① 卡内基(1835—1919),苏格兰裔美国工业家和慈善家,靠钢铁工业聚积了大量财富,并为公共福利捐款数百万美元;摩西,《圣经·旧约》中希伯莱人的先知和立法者,曾率领以色列人逃出埃及。(译者注)

追求被误导的目标——而生活中似乎没有令人满意之事，所有的目标似乎都无法企及。仿佛生活憎恨追求天生无价值的事物。最终结果只能是：失败、挫折或不快乐。以下是丹尼斯与我初次见面时的谈话：

> 我真的越来越没有耐心了。我看到其他人驾着奔驰，住着豪宅，大把大把地花钱，而我却不得不小心地看好自己的每一分钱。从孩提时代，我就发誓长大后要成为百万富翁。瞧，现在我已经成人，也努力过了。相信我，我确实努力了。我不害怕工作；事实上，我一直在不停地工作。我没有享受过生活，我的妻子总是抱怨成天见不到我，我不知道除了工作我还能做什么。我们的生活方式就是每月拼命挣钱，支付各种账单，但生活却没有起色。钞票——起作用的就是钞票！在我看来，钞票的的确确能买到快乐。

持丹尼斯这种观点的人越来越多。他同许多其他人一样，认为金钱是生活幸福的关键。但如果你看看丹尼斯所失去的东西，你会问，为了金钱真值得这么做吗？他一周工作七天，上班离家时女儿还没醒，他的婚姻开始显现出冷漠与破损的痕迹，关键是他过得很痛苦。除了这一切外，丹尼斯认为他很清楚问题症结之所在——他需要的只是给他指出如何能挣到更多的钱。

你知道有多少人像丹尼斯这样吗？人们追求永恒的诱惑——金钱。有天晚上我看了一部关于佛罗里达州棕榈滩上富翁的纪录片，他们的生活极尽奢华。片中解说到，这片富人区里有些居民住的海滨豪宅超过六万平方英尺①。而我的中学校园面积还不到六万平方英尺！在你买了第四辆进口豪华轿车以后，修一幢在交通地图上可以标识出来的房屋，到里维埃拉去度假②，如果过着这种水平的生活你还是不快乐，那你究竟想要得到什么？吸毒、酗酒、离婚、萎靡不振、自杀，这些字眼对有闲阶级都不陌生。相反，他们似乎认同这类生活方式。当你过上了上述生活，你还剩下什么呢？

---

① 1 平方米等于 10.764 平方英尺。（译者注）
② 里维埃拉：一个狭窄的沿海地区，位于法国东南部和意大利西北部的海滨避寒地带，地处阿尔卑斯山脉与地中海之间，从法国东南部一直延伸到意大利西北部，在法国又被称为达祖角，是一个深受欢迎的旅游胜地。（译者注）

当我成人之后，母亲常常祈祷，希望我挣钱不要太多。她居然为此而祈祷！谢谢您，妈妈！现在我已经领悟到她祈祷的智慧。她并非不希望我过得舒适、快乐，她也知道金钱对人们意味着什么。她真是一位聪慧的女子。

误导目标之二：权力

权力是最有效的春药。

——亨利·基辛格

被误导的目标之二是追求权势，将其与忠诚等同。字典里把权力解释为实行控制的能力或影响他人的能力。如果你还记得我们之前的讨论，不安全感源于你早期的发展。对权力的渴望有许多历史渊源，但典型的情况是你成长在一个自身受控的环境中，受到强势的哥哥姐姐、严厉专横的父母或其他压抑的环境的折磨。无论具体的成长环境如何，可以断言的是，大多数地位卑下的人常常自我怀疑，缺乏自尊，而权力对他们来说正好是一味解药。相反，如果你幸运地成长在一个自立自主的环境中，你可能不会有控制别人的欲望。

格洛里亚是一位 31 岁的刺绣厂管理员，当她面对员工时，觉得自己非常有权威。她的座右铭很简单：敬畏产生效率。她知道工作岗位稀缺，知道这些无一技之长的工人珍惜眼前的工作，同时她还知道她有聘用或解雇他们的权力。

格洛里亚开始了恐怖管理。她会定期惩罚、威吓并羞辱工人。这样的行为持续了几年，直到有一天，一位女员工的丈夫前来跟她谈话。他告诉她，自己的妻子怀孕了，而医生认为他的妻子正处在神经失常的边缘，如果她无法平静，就会流产。这位丈夫痛哭流涕，恳求格洛里亚善待自己的妻子。

这次经历促使格洛里亚反省。不是马上，而是随着时间的推移她觉得自己有些失控，找不到方向。她摒弃了非此即彼的对待员工的简单方法。虽然她开始与焦虑和沮丧抗争，但这些不是她的问题的根源所在——这些只是症状。她的问题的根源在于被误导的欲望让她认为运用权力才会使自己少受伤害。直到现在，她的权力使她产生错觉，认为只有处于对别人的掌控之中，才

2

选择快乐，选择恰当的人生目标

是安全的,才不会受伤害。显而易见,格洛里亚没有意识到自己已经变成了一个冷酷无情的恃强凌弱者。

格洛里亚的故事是一个运用权力使人强悍、又给人带来空虚的极端例子。对于任何一个感觉自己无能、常受伤害的人而言,运用权力相当于注入了一支兴奋剂。权力能在许多方面展示它的威力,它的作用时常显得很微妙。也许你觉得自己常想支配别人、盛气凌人或有些专横跋扈;如果权力吸引你,如果你觉得自己有凌驾于他人之上的欲望,那你就该小心了。就像格洛里亚,你可能过着被不安全感扭曲了的生活,而由不安全感驱动的生活绝不会是令人满意的生活。当你的幸福感、成就感需要借助于对别人的支配时,那会是一种怎样的生活呢?

当你出现以下情况时,就表明你已把权力视为追逐的目标了:

- 当你需要感觉外型上强过他人时(身材有型、有自卫能力、因节食而有骨感,等等)
- 当你需要处于凌驾于他人之上的地位时
- 当你运用你接受的教育、培训和已有经验来控制、欺凌他人时
- 当你需要通过战胜别人来获得心理满足时(运动中胜出、工作出色、驾车抢道,等等)

误导目标之三:地位

先生,一个人的价值,不在于金钱、职位、身份或财产。这些东西一无是处。一个人的价值在于他的品格、智慧、才能、活力、人际关系、创造力、勇气、胆量、洞察力、独立性与成熟度。先生,看来你受前面错误观点的影响太深,这使你严重缺乏后面所表述的品质。

——马克·W·B·布林顿

对于第三个也是最后一个误导目标,我想说的是地位强迫症。认为金钱可以买到安全,权力可以带来安全,地位可以赢得安全。著名的神话作家约瑟夫·坎贝尔曾经告诉一位记者,当他问一群中学生的目标是什么时,他们的回

答令他非常震惊。绝大多数学生说他们渴望"成名"。名人的光环对他们具有极强的吸引力——尤其是对一直与不安全感奋斗，渴望摆脱无名地位的人。虽然成名之路对大多数人而言是一个漫长的过程，但也可把名人分为若干个层次。

地位有不同的外在表现。下面略作举例：

■ 拥有地位的载体：房屋、汽车、名牌服装

■ 肤浅的性关系（花瓶妻子或小白脸丈夫）

■ 头衔（经理、校长、医生，等等）

■ 受到来自你的社团的不安全感驱动型的尊重（做到善于进取、才智过人，等等）

自我训练思考

金钱、权力和地位这三个被误导的目标都是受不安全感的驱动。这些目标是"由表及里"进入人们的头脑，实现这些目标使人感到更安全、更能掌控。但只有当这些目标是建立在自信、自发的基础之上，受"由里及表"的觉悟的推动时，才会带来永恒的快乐。

地位如同制服，它可以成为向世人夸耀的东西："嗨，瞧我，我真的很棒。"你呢？你穿着制服吗？你在尽力获得荣誉吗？你希望别人注意你，尊重你吗？如果是这样，那就请用自我训练来避开不安全感的误导，它让你相信快乐的唯一机会就是筑起一副虚假名利的挡板。追求地位与地位本身的高低无关，而与你的补偿心理相关：尽管你在生活中穿着制服，却仍有一无是处之感。

金钱、权力、地位——你陷入了这些幻想或类似的幻想了吗？如果是，那么现在就到了冲破这些不安全感的桎梏，认清快乐真相的时候了。记住：你不是要去发现快乐，而只是需要释放快乐。

第 2 部分

改变自己:从心开始

3 不安全感从何而来？

我第一次碰到安娜时，真是令人震惊。当时我刚刚结束了一场谈话，突然有人不停猛擂会谈室的门，我非常吃惊，猛地打开门，看到一位骂骂咧咧的妇人怒视着我，咆哮道："八点了——轮到我的会谈时间了！"我尽力控制自己的情绪，礼貌地请她再等一分钟，因为我刚刚结束上一场谈话，她勉强答应了。

当我准备好见安娜后，她从我身边快速冲进房里，脸红筋涨，似乎准备打上一架。我当时不提防会有这种阵势。她告诉我她讨厌等待，问我她是不是还得为等待的时间付钱？这是我第一次接触安娜，对她的印象很差。

在最早几次会谈时，我不知道如何跟她友好交谈。但我努力做到不让这位粗鲁的、讨厌的、52 岁的蛮横妇人影响我，尽管有时确实影响了："你能把你脖子上的领带拿走吗？虽然系上并不违法，但实在显得没品位。"几乎每说完一句话，安娜都会追问，"你在听我讲话吗？"哎，真是折磨人。

没有人在与他人相处时会如此愤怒、如此防御、如此麻木，除非他想打架。安娜进入我的办公室就是想打上一架。她完全认为我想操控她，浪费她的时间，榨取她的钱财，最后却只会让她比刚开始治疗时的毛病更多。她从来就没想过我会真的帮助她。为什么会这样？她生命中的其他人让她清楚地看到他们压根儿就不想跟她沾边。当然，安娜并不清楚原因；她只是写下了这一观察结果，坚持认为自己并不需要别人。她在法院工作，在银行有存款，有医疗保险，养了三只猫。她还需要其他什么呢？就她而言，目前的状况很好。

当安娜说她现在的生活正是她所期望的时候，我感到很困惑。那她为什么要到心理治疗所呢？她不情愿地承认了她的上司给了她非正式的最后通牒：要么到心理治疗所治疗，要么他就找她的麻烦。他告诉她，他已经厌倦了部门里每一个人都跑来抱怨她无可救药的、与人为敌的态度。我不仅要对付一位咄咄逼人的暴君，而且还要面对她是被上司逼来治疗的这一事实。天啊！

幸运的是，多年来的诊治经历给了我帮助。我一开始就感到安娜的敌意是出于防御、远离更深层伤害的不安全感。这种不安全感促使她在充满敌意的、会伤害自己的世界里努力保护自己。安娜的那种在被他人伤害之前不如先伤害他人的处世原则，于她而言是合情合理的，这让她产生自我保护的幻觉。从某种意义上讲，她的确受到了保护——没有人愿意接近她，从而也就无从对她造成伤害。问题是没有人想接近她！

你可能猜测我用了一个绝妙的方法来化解安娜的敌意。对不起，我的方法什么都好，唯独不是绝妙的；它极其简单。我认识到我必须做的就是不要陷入安娜的敌意。的确有效！忽视她无情的侮辱，我系统地试着将她与真正的兴趣和关心联系起来。正如你能想象的，做起来并非一帆风顺。

最初我在对安娜作引导时相当困难。她从小由意志抑郁、爱酗酒的母亲养大，一直被母亲忽视、打骂（她的母亲15岁时就生下了她），安娜只知道拒绝。10岁时，她被送到姨妈家，不幸的是，这位体面的妇人在教育孩子方面的知识非常有限。此时，安娜的不安全感已经演变为习惯。她的体重超标、孤独、易怒、不合群，在学校成了被取笑的对象。你能想象得出我的非传统的方法在挑战安娜时会遇到怎样的困难，因为她不会不带防御心理与人交流。过了一段时间，我观察到她对我的攻击慢慢消失了。逐渐地，她开始放松，卸下防御心理。放弃戒备心理对她而言并不容易，但一旦她这么做了，事情就开始突飞猛进。

当安娜开始理解了不安全感支配生活的含义时，她做出了健康的选择："今天上班时，我决定不让自己多想问题。特里一言不发地往我的办公桌上扔了份东西。要是往常我会怒视她，怀疑她的沉默是她认为比我强、自鸣得意的外在表现。但这次我竭力避免这种不安全感，努力强迫自己说：'谢谢，特里。'你要是当时在场，看到特里的脸就好了，她诧异极了，小心翼翼地抿着嘴巴，挤出笑容。我得承认她的笑并不自然，但感觉好极了！"

虽然安娜那种表情决定一切的态度很极端，但它却表明不安全感会破坏你的个性。人人都想在生活中感觉安全、被保护,但如果不安全感开始扭曲危险事物与不危险事物,你会发现自己像唐吉诃德的风格,把风车当成恶龙。安娜触目的尽是恶龙,没有风车。这就是不安全感最大的作用:让你相信假想,而不是事实。

设法认清你的本质问题

挫折与挣扎阻碍你拥有自己向往的生活,它们可归结为一个根本问题:不安全感。无论你是否有严重的问题,诸如焦虑、沮丧,或是每天都担忧,你绝不应该高估不安全感的影响。就像园丁会告诉你要拔除蒲公英的根是多么艰难,你的不安全感的根会用同样的阻力和顽固来与你对抗。但你必须挺住。如若不然,不安全感最终会扼杀你能生活得无拘无束的潜力,如同杂草会在花园中疯长。

什么是不安全感? 以下是关于它的种种事实:

- 不安全感是受到攻击或无助的自我感受。
- 不安全感源于幼童时代的心灵创伤——真实的或想象的创伤。
- 不安全感是你无法应对生活或生活的某方面的错误信念。
- 不安全感是基于对现实的扭曲,而非基于事实。
- 不安全感成了思维习惯和认知习惯。
- 不安全感把正确的自我认知最小化。
- 随着时间的流逝,不安全感就会自然地成为个性的组成部分。
- 不安全感会逐日加深。
- 如同其他习惯,不安全感的习惯也可以纠正。

让我们花点时间来对自己的不安全感所处的程度做个评价,这个程度的深浅决定了解决问题的难易。

不安全感自我测试

请仔细阅读以下各题,凭你的第一感觉回答。把与你生活最相符或最不相符的答案画圈。即使你不完全确定,也要回答每个问题。评分标准附在题后。

是	否	面对陌生人我会害羞、手足无措。
是	否	我宁愿待在家中也不想冒险出门。
是	否	我希望自己更聪明些。
是	否	我的钱从来都不够花。
是	否	我向来很悲观。
是	否	我常希望自己更漂亮些。
是	否	我认为自己不如别人。
是	否	如果人们了解了真实的我,他们对我的看法会转变。
是	否	在人际关系上,我喜欢依附别人。
是	否	如果别人安安静静,我会认为他们在生气。
是	否	我通常害怕与他人的关系走得太近。
是	否	如果我没有这么多的忧虑,我会更快乐。
是	否	我的担忧太多。
是	否	我常掩饰自己的情感。
是	否	在人际关系上,我常常与人对立。
是	否	我经常想知道别人对我的真实看法。
是	否	我觉得很难信任他人。
是	否	我担忧自己的容貌。
是	否	我很难说出拒绝的话。
是	否	我常常过于敏感。
是	否	我过于谨慎。
是	否	我担心自己会生病。
是	否	我经常有负罪感。
是	否	我讨厌自己照片中的形象。
是	否	我觉得自己不是一个情感坚强的人。

1～10个问题回答"是",表明你的不安全感尚处于可以容忍的程度。你可以用本书来更多地拓展个性而不是修补个性。

11～16个问题回答"是",表明你的不安全感处于中等程度。不安全感可能正在破坏你的充实生活和成功生活的能力。你可以通过本书明显地改变你的观点和经历。

如果你有17个或更多的问题都回答了"是",你可能正在饱受不安全感的折磨。你的自尊和自信已经被不安全感消磨殆尽,显然你需要重塑思想和认知观。

先天加后天

我最近开了一次讲座,其中谈到没有人天生就缺乏安全感,不安全感是后天形成的。在提问—回答的过程中,一位焦躁的母亲就这一概念对我质疑:"你无法证明我的孩子不是天生就缺乏安全感的,"她说,"我从我孩子的身上可以看出这点。我最小的孩子一直都害羞,不愿意尝试新事物,充满恐惧。没人教他这样,但他一直都如此。"这位母亲的观察似乎同大多数人对孩子的感受相同。到任何一个操场,你都会看到指挥者、跟随者、哭喊者、抱怨者、愠怒者和孤独者。显然,孩子们都带有某种倾向,但这些倾向都与不安全感同义吗?为了回答这个看似矛盾的问题,你必须理解不安全感与性格倾向的差异。

我把性格倾向定义为:基因倾向某种生理或心理特点。你可以倾向于酒精、肥胖、音乐、艺术、数学、体育、内向性[①]或外向性。但除非倾向(性格倾向)被承认或强化,否则它不一定会显现出来。

看看马特的个案。他没有意识到自己的生理特点本身就属于肥胖型,却在不安全感的导引下,结束了与女友的关系。

马特能回忆起最为久远的事,就是他同自己的体重抗争,缺乏自信。在29岁那年,马特碰到一个女人,有了平生的第一次性接触。不幸的是,他的不安全感使他无法安心同这个女人延续爱情故事。早年受到的奚落和嘲弄,在他

---

① 内向性,在心理学中指把思想和感情引向自己内心的方面或倾向。(译者注)

心灵深处留下了不可磨灭的痕迹,马特对自己的体重具有强烈的不安全感。现在到了成年,他却无意识地由自己的不安全感来定义自尊。马特只不过是稍微超重,但他对自己的体型却极度厌恶。尽管如此,他同那个女人的关系仍然持续了一段时间。不幸的是,马特的焦虑继续滋长,最后他决定结束这段关系。

马特的故事表明了生理特性(超重)是如何无意之中给他灌入了简单幼稚的不安全感的。马特有了不安全感,便雾里看花地观察自己,于是认定没有哪个女人会爱他。实际上是有人爱他,但他不相信确有其事。他的女朋友恳求他,但他依然态度决绝。他认定终有一天他的女朋友会讨厌他的肥胖。马特内心的不安全感在说话,却由他自己聆听。这一自我鞭笞,导致了孤独与情绪自虐的循环,他时常暴饮暴食,减肥已不再是马特的选择,他已得出他的命运已被箝制、无法变更的结论(即使他饕餮般地暴饮暴食,他所做的唯一运动也就是爬爬楼梯而已)。不是肥胖而是不安全感在指引马特的生活——他的"是的……但是……"偏向与幼稚的坚持,最终使他把脑袋埋进沙子里来逃避生活。

自我训练思考

基因特性会影响你的生活,但它不是生命的判决。

当说到生活中内心的挣扎时,我们有许多不作努力的理由。最大的理由是一个被误导的概念:一个人的"基因个性"是不可改变的。但我要告诉你:没有基因决定个性这样的事。当然,你的个性会受到基因特性的影响,但绝不是由它决定!我的侄女克丽丝和凯西是同卵双胞胎,她们有许多个性非常相似。她俩都很慷慨、有同情心、开朗、友好、和善,但她俩在许多方面却有很大不同。下面是我为她们整理的性格一览表:

克丽丝	凯西
整洁	邋遢
好斗	顺从

急躁	耐心
擅长交际	喜欢待在家中
做作	自然
节俭	爱消费

克丽丝和凯西共享同卵基因特性,这意味着她们在生命的最初时候有着共同的资质。她们一起成长,有着共同的父母,上同一所学校。但你也看到了,她们却性格迥异。这是怎么回事?唯一合理的答案便是:基因特性必须与我们唯一的一次成长经历(我们对这一经历的处理)相联系。

基因特性 + 唯一的一次生活经历 = 成人个性

想象一对夫妇去墨西哥度假,两人都带着同样的照相机,有着共同的旅游经历。而度假回来后他们的照片可能拍出的是完全不同的风景。比如,丈夫的照片可能包括无数马雅废墟和野生动植物,给人以荒野生活的印象。而妻子的照片则可能反映了许多当地的文化和离奇有趣的生活方式。同样的相机,不同的聚焦。不是相机决定了相片的内容。同样,不是你的特性决定你是成功或是失败。

因此,如果消除了基因、命运和因果报应的影响,我们能把误入歧途的生活怪罪于谁呢?我猜你已经知道我的答案:不安全感。是不安全感在指引你的生活,而不是你自己。但问题依然存在:我们起初是如何产生不安全感的呢?不安全感可能是早期创伤经历的结果,但它往往是错误知觉的副产品。孩子生活在一个需要不断学习和解释的世界里。他们的不安全感不仅取决于自己接受的父母养育的质量(没有完美的父母),而且还取决于其生活经历的意外发现。既然孩子们受到不成熟的限制,错误的结论当然会时有发生。我来告诉大家我幼时的一次误解经历吧,这次经历让我产生极其不安全的感受。你绝对想不到一次简单的性教育谈话会带来不安全的氛围,但对我而言的确如此。

如何避免永久诅咒

回想起我无知的童年,我进入了北新泽西州一个小的天主教教会学校。

我清楚地记得那个诗情画意的春天,丁香的味道从带有雨篷的窗户钻进我们七年级的教室。我正沉浸在深深的幻想中,突然被一个通知打断,它要求男生去餐厅见神父。我们以前没跟女生分开过;感觉要发生大事了。我们紧张地坐在板凳上,神父威严地站在主席台上,看来要发生大事的预感马上就要变为事实了。

我不记得当时神父说的每一句话,但我记得接下来的几乎每个字:"孩子们,今晚和以后的每晚,我希望你们记住睡觉时要确保自己的双手都放在被盖上。记住,如果你的手放在被盖下,这是罪恶的事。"那天我回家后想起神父的警告,只是一个词:"罪恶"。究竟为什么把手放在被盖下就是罪恶,这个问题对我来说完全是个谜。我对罪恶、地狱之火这类的知识完全是一盆浆糊。很久以前,我即决定停止领会如何拯救自己的灵魂,而按照别人告诉我的方法去做。

第一天晚上我很自信。毕竟,神父的要求看起来很容易做到:手放在被盖上,没有罪恶;手放在被盖下,罪恶。只要睡觉时我做到把手放在被盖上这么简单的事,就不会下地狱。于是我带着自信渐渐睡去。谁知就是在第一晚的半夜时分,当醒来时却发现我的一只手在被盖下!我被这疏忽导致的罪恶吓出一身冷汗,于是重新把手放好。你试过在半夜调整自己手的姿势吗?我试过,让我告诉你,这简直要把我逼疯。我想随着时光流逝,我可以训练自己采用这种安全的、手放在被盖上的姿势。但我告诉你,无法控制、无法保护自己永恒灵魂的恐惧,业已折磨我长达数月之久。

将之称为幼稚也好,称为无知也罢,但的确是直到 24 岁时,某天晚上我醒来(手当然是放在被盖上),猛然回顾神父讲话的内容,这才想起他的完整的话:"罪恶的事"!这些年来,我一直以为这只是天主教堂里的一句格言,一条清规戒律。在我天马行空的想象中,我从未把"罪恶"一词同其他事物联系——其他显而易见的事物!老实说,我不知道如果我早明白神父那天讲话的真实目的,我是否还会焦虑。我只知道我的误解使我的内心世界变得纷繁复杂,让我更了解自己是多么脆弱。我的意思是,我甚至无法保护自己永恒的灵魂!对一个稚嫩的、敏感的、易受暗示影响的孩子,这是莫大的不安全感,我当时对自己的能力开始失去信心,觉得自己无法驾驭生活远离罪恶。

这不是神父的错,也不是天主教堂的错,因为教堂要传授它的道德观。问题在于我的误读,由此而产生了问题。所有的孩子都试图搞清缺损或支离破碎的信息的含义。大多时候只能得到微乎其微的答案。有时候,如同我的被盖经历,误读会带来自我怀疑、恐惧和不现实的期待。既然不安全感是成长过程中普遍存在的现象,从某种角度来说,它是无法避免的。不幸的是,不安全感不会随着我们年龄的增长自动消失,它如同尼龙刺粘拉链,紧紧附着在我们身上,伴随岁月不断增加。

正由于此,自我训练的方法把你从过多侵占生活的习惯中释放出来是必要的。理解习惯还不够;改掉习惯才有意义。正像本章开头提到的安娜所发现的那样,你不得不违反你原本感觉自然的事物,坚持做出更健康的选择。事实的真相是:数年前你产生的不安全感,现在却让你感觉很自然,如同你生命的一部分。破除这种感受,建立自信,这在开始时会让你感觉完全不自然。我期待你挑战这种感受。你的反应可能会是"这不是我,我不能这样做。"但这次别犯傻了。

自我训练力量练习

花点时间来思考。找出一件让你觉得不安全的事,可以是任何事:外貌、被拒、犯错、浪费时间——只要是让你觉得心神不安、怀疑或焦虑均可。一旦你把注意力集中在不安全感上,认为它是多么自然,你多么认同它,它便成了你的习惯思维。现在,用同样集中的意识,试着理解你的感受并不真实,它只不过是被不安全感扭曲的一部分。心中记住这点,全神贯注地想想自己能否抗击不安全感的影响。比如,看你是否浪费了时间却没有负罪感。或者,即使你的发型不完美也要去逛商店。或者,承认你的感觉不如他人。看你能否战胜不安全感来做出最终的决定。不管你的感觉是多么无奈或害怕,都这样去试试。每次的努力都是在积累经验,这些经验会使你在自我训练的项目中取得进步。

调整自己

现在花点时间从根源上来理解自己挣扎的原因，这样便可以开始用自我训练的五个基本步骤来调整自己，得到自己想要得到的生活。我把不安全感视作发动机，而把顺从——在言语、思想和行动上——视作保持发动机运行的燃料，这样可能会有助于你的理解。为了切断燃料供应，你需要加深对自我训练的理解并付诸实践，你会相信你值得这么做。

4 远离焦虑

多年前,在我读中学时,我遇到一件事让我焦虑很久,为之分神,但我当时忘了为何要焦虑。妈妈看到我愁眉苦脸的样子,便问我"怎么啦?"我回答说:"我不记得为什么要发愁了。"她说:"噢,既然不记得了,那就是不重要的事了。"她说得倒轻巧!不理会妈妈的空洞评论,那个上午我一直连续不断地苦苦回想原因。最后我觉得不管原因是什么,我都得停止思考了。就算原因很重要那又怎样呢?我怎么这么粗心就把它给忘了呢?最后,吃午饭时,我突然想起了原因:我一直在焦虑自己浪费了时间!

这一具有讽刺性的事件并没有从此在我身上就此打住,甚至在我 16 岁的成年时再次发生。我的见识受到了亨利·詹姆士的短篇小说《丛林猛兽》的影响,那个星期我们的语文课刚好读了这篇课文。如果你有焦虑倾向,我极力推荐你读读这个引人入胜的故事,它讲述了一名男子一直有一种预感,他将遭到某一可怕事件的袭击,就像遭遇丛林中的猛兽一样,因而陷入了恐惧和忧虑之中。这不只是一个普通的预感,它完全摧毁了这名男子的生活。故事最后这名男子猛然醒悟:幻觉中的猛兽不是来自丛林,而是来自他消极等待的可悲命运。

你呢?焦虑在折磨你、消磨你的生命吗?

停止喂鸽子

现在,你将学会如何征服那些感觉是生命中最无法征服的事情之一:焦虑。焦虑比其他任何心理羁绊更令我们心神不宁。说到生命挣扎,焦虑这一现象通常是普遍存在的,对有些人而言,它让人精力衰竭,对任何事情都一直保持焦虑和反复思考;对另一些人而言,通常又是与场景联系在一起:"我的牙齿裂缝了,如果牙根也裂缝了该怎么办?"无论你是长期焦虑者(自寻烦恼者)或是短期焦虑者,焦虑都是个大问题,因为它是滋长不安全感的首要元凶。

想象每天清晨你到露台上享受半小时的休闲时光,读读报纸。某天清晨你却发现了几只鸽子在露台上遛达、啄食、专心于自己的事。享受它们作伴的时光,第二天早上你想到拿些面包屑来喂鸽子。几天内,你便被成百上千只鸽子淹没,你原本清爽的露台上留下了满地鸽毛鸽粪,杂乱不堪。

你来问我,"乔博士,我该怎么办?"我问一个问题:"你还在喂鸽子吗?""哦,是的。"你一脸无奈地回答。我说道,"停止喂鸽子!"如果你在焦虑,那么你就如同喂养鸽子在助长不安全感。如果你坚持助长不安全感,那么你就无法摆脱痛苦的生活。

如果你发现自己在洞里,停止挖洞。

——威尔·罗杰斯

焦虑是生活的一部分吗?

记得60年代的歌曲《战争》吗?第一句歌词是:"战争,有什么好处?当然没有好处!"这就是我想用来开始本章的话:焦虑,有什么好处?当然没有好处! 读完本章,你就会哼唱这句歌词了。

"生活中我担忧过成千上万件事,但大多数的担忧都没发生。"马克·吐温如是说。你在生活中担忧过多少事?而今天你又担忧了多少事?大多数人会告诉你,他们希望不会焦虑太多的事,但你能做什么呢——焦虑是生活的一部分,对吗?当然,焦虑是生活的一部分,但它是天然的一部分吗?健康的生活应该是怎样的呢?

通过下面的自我测试来帮助你评估你的焦虑指数。

焦虑自我测试

下面的问题是用于帮助你评估你是否是位焦虑者。请仔细阅读以下各题,凭你的第一感觉回答。把与你生活最相符或最不相符的答案画圈。即使你不完全确定,也要回答每个问题。评分标准附在题后。

是　否　　当我想入睡时我的思维还在不停运转。

是　否　　事情出错时,我会很着急。

是　否　　我不能容忍别人对我大吼大叫。

是　否　　我经常有罪恶感。

是　否　　我经常用这个句型"如果……会怎么样"。

是　否　　我讨厌毫无准备。

是　否　　我想得太多。

是　否　　我通常很紧张。

是　否　　金钱一直是我的关注点。

是　否　　消息会让我过于心烦意乱。

是　否　　我过于谨慎。

是　否　　如果某事让我心烦,我会难以释然。

是　否　　别人开车,我会紧张。

是　否　　我不喜欢坐飞机。

是　否　　我感觉不安全。

是　否　　每做一件事,我会先预测各种结果。

是　否　　我是悲观主义者。

是　否　　我过度关注自己的健康状况。

是　否　　我很少冒险;我宁愿安全也不愿难过。

是　否　　我担忧的事情很多。

是　否　　我的心中常有恐怖主义。

是　否　　我经常试着预测接下来会发生的事。

是　否　　处在矛盾中时,我通常会先想到最糟糕的情形。

是　否　　我是个习惯于提心吊胆过日子的人——总是在等待糟糕的结果。

加总你回答"是"的问题。9 个或以下表明你没有过度担忧的负担。本书可教你树立更强的自信心、自发性。

10 ~ 15 个表明你是中度焦虑者。对你而言,焦虑会是生活的一个限制方面。本书可以为你的生活带来显著改变,让你远离不安全感,生活在安宁幸福中。

16 个或以上表明焦虑是你日常生活的明显压力。对你而言,生活是向焦虑、反复思考以保持掌控的愿望的一种妥协。本书会改变你的看法。你会学着生活得更自然,而不是试图预测生活。

担忧与焦虑

每个人都有焦虑之时,对吧? 既然焦虑如此普遍,你可能会把它视为本能。如果焦虑的确出自本能,那它一定是我们的本性改造了的一部分。漫步原始丛林时,担心碰到长着上犬齿的老虎,这种担心会为我们的祖先提供明显的生存优势。然而,就像这个看起来令人心悦诚服的推测一样,焦虑不会为非洲热带大草原的祖先服务,也不会为今天坐在高耸的写字楼里的你服务。

为了理解焦虑作为策略,常常产生反效果的原因,你需要理解焦虑与担忧的差异。焦虑是持续不断的,默想什么可能会出错——一团乱麻的预测。这可能是源于已经过去了的厄运:我羞辱了她,将会发生什么样的事呢? 她可能会在工作时说我的坏话。或者因为即将发生的厄运:如果我没有找到住处,我该怎么办呢? 它是一种自我折磨的形式,最好将之描述为"如果……那么……"的思维范式。

与焦虑不同,担忧是计算考虑和评估实际危险。焦虑歪曲地预见了事情和问题(失去控制),担忧更倾向于以事实为依据,以解决问题为目的。当你遭遇生活挑战时,你会采取何种态度:面对现实(担忧)还是面对幻想(焦虑)?

阅读以下例子,思考焦虑是否有任何益处:

焦虑:假如这衣服不合体,我该怎么办?

担忧:如果我要穿这衣服,我得注意自己的饮食。

焦虑:我迟到了怎么办?

担忧:我最好提前15分钟离开,以免解释迟到的原因。

焦虑:如果她拒绝怎么办?

担忧:不管她同意还是拒绝,我都要尽力。

焦虑:伤口好痛,如果问题很严重怎么办?

担忧:如果明天我不舒服,就去看医生。不去设想最糟的情况。

正如你从以上例句中可以看出,如果你把焦虑与担忧相比较,毋庸置疑——如果你想生活得有效率,结论显而易见。担忧,是可采用的、具有建设性的思维方式,它让你能真正面对生活挑战。而焦虑,是一个循环的、具有破坏性的思维方式,给生活带来压力、烦躁或恐慌。

既有焦虑存在也有担忧存在。担忧是环境驱动型;焦虑是不安全感驱动型。焦虑,不安全感驱动——由里及表——对你有害。担忧,环境驱动——由表及里——对你有利。

焦　虑	担　忧
■ 不安全感驱动:由内到外	■ 环境驱动:由外到内
■ 主观关注会出错的事物	■ 客观关注生活挑战
■ 面对幻觉(如:"如果……那么……"的思维方式)	■ 面对事实
■ 高度情感型,不管情况	■ 情感与情况成比例
■ 产生反效果,具有心理破坏性	■ 具有建设性

我相信我们与生俱来的性格不是焦虑,而是生活发出挑战时的担忧。但当我们天生的性格被不安全感侵蚀,演化为焦虑的习惯,公式就成了:

$$担忧 + 不安全感 = 焦虑$$

焦虑陷阱

焦虑不是天生或本能的,但它确实是普遍存在的。我们如何解释这种普遍性？焦虑准是有令人信服的成分,才会引来如此众多的信徒。确实有。面对生活的不确定性时,焦虑会给出能控制的幻觉。这对处于不安全感中、与恐惧作斗争的人特别具有吸引力。这一陷阱运行的模式如下:如果我焦虑,我就能预测即将发生的事情;如果我有所准备,我就会少受伤害。这话听起来不错,但请不要忘记每个爱自寻烦恼的人都知道的常识:焦虑会引起更多的焦虑。焦虑不会解决任何问题;它打开阀门,带来更多的焦虑、更多的怀疑、更多的压力。结果是:焦虑并不如初衷所愿,不会保护你、让你有所准备,实际上它会降低你有效生活的能力。

焦虑:朋友还是敌人?

人们试图通过焦虑来解除自己感知的困境。既然不安全感让你感觉无法应对生活中的苦恼,而焦虑给了你幻觉,那么你虽然感觉无能为力,但实际上你可以为解除自己的困境做些事情。表面上,通过为即将发生的事情采取一些防范措施,你认为焦虑会减少你的脆弱——至少你做了些事! 做些事总比不做强! 你所能做的只有焦虑,因为你想感觉安全。那什么是问题的关键? 正如我们已经讨论过的,焦虑不是解决问题的有效方法。实际上,焦虑是制造问题的根源! 这才是问题的关键。

菲尔,一位40岁的失业厨师,总是让焦虑折磨自己。我们不妨把他作为案例,来预演本书将如何帮助他:

> 我40岁,欠了一屁股债,生活绝对没有盼头。我和妻子难得讲句话。甚至女儿参加篮球比赛,我也懒得去加油。我怕遭遇别人问我是否有工作的尴尬。我的体重超标,我担心自己有心脏病,整天觉得累,胃随时都感觉难受——我是一个落魄的人。你知道最糟糕的是什么吗? 就是这些事情只会变得更加糟糕。糟糕的经济状况不会改善,还有什么盼头呢?
>
> 一位40岁、失业的二级厨师如何谋生呢? 我的年纪太大,无法改行,我甚至不知道自己还能做什么。我不是个擅长学习的人,我没有爱好,我真的做不了其他任何事情。由此而来的是:夜晚我无法入

睡;种种想法开始恐吓我。我完全丧失自信,而从前的我是多么自信啊。我一直都是个焦虑者,但现在真可笑,我害怕作任何决定。我没想到自己会失业这长时间。如果我找不到工作怎么办?我该做什么?这事给我的一个教训就是:在这个世界上,没有安全的事情。没有!我原来准是生活在理想王国里,因为我从没想到这件事有一天会从天而降。它现在只会越来越糟糕。

毫无疑问,菲尔陷入了焦虑恐惧循环圈。考虑到他的不幸环境,你可能会问菲尔是否真的没有选择。如果你面临相同的危机,你也不会焦虑吗?当你被生活击垮,你能选择不被焦虑和恐惧伤害吗,这种情况合乎常理吗?可能同你的感受相反,答案是合乎常理!

看看菲尔的两难境地,你会看到令他心烦的事是由他的不安全感驱动的对未来的灰暗的预测。

自我训练思考

焦虑是对未来的负面预感。

在一开始,菲尔需要认清担忧与焦虑的差异。这会让他开始把重心转移到事实上,而不是沉溺于幻觉。对菲尔或对你而言,如果你焦虑,这一思维上的简单转移会创造出世界上的所有差异。要承认,如果你生活在地球上,你就无法避免糟糕事情的发生。但你能消除的是由焦虑引起的不必要的烦恼。我坚决支持我在本章一开始说过的话:焦虑,有什么好处?当然没有好处!

自我训练思考

焦虑是绝望的孩子。

什么对我有益,什么对我有害

家喻户晓的《土拨鼠日》讲了这样一个故事:一只被称作庞克撒塔尼·菲

尔的土拨鼠,当它 2 月 2 日从洞中钻出看见太阳时,把太阳视为恶兆。它预感冬天还将持续六个星期,于是又返回洞中。而我们故事中的菲尔是另外一种土拨鼠,当他面对焦虑,发现恶兆时便选择逃避,寻求短暂的保护。但记住,菲尔不能永远逃避生活。最终他不得不把脑袋伸出来。

菲尔需要舔干伤口,开始长期挣扎来找回自尊和自信。在被解雇后的数月中,菲尔在习惯性的、土拨鼠式的焦虑中挣扎。自我训练对菲尔的第一步挑战就是让菲尔明白,意志松懈、逃避生活、焦虑都无济于事。无论何时他陷入心理挣扎,我都会鼓励他自问:"这些想法对我有益还是有害?"只问这个问题就足以使他幡然醒悟,让他不再盲目地被不安全感驱动。心中怀着"什么对我有益,什么对我有害"的疑问,菲尔正在逐步放弃受害者的角色。显然,更自闭、自疑或坚持自己是受害者的想法对他没有任何益处。

自我训练力量练习

菲尔运用的技巧——什么对我有益,什么对我有害——值得进一步思考。典型情况下,焦虑者陷入自己预测恶果的惯性思维之中,显然缺乏自觉的意识(见第 6 章,通常这是反射思维的标志)。当不被关注时,这种惯性思维会不容分辨地卷入你的生活,肆意破坏你的生活。这是由于我们平时对它们没有防微杜渐。只需稍微审视一下,问一句,这对我有益还是有害,就会对习惯起到警示的作用。习惯似乎喜欢黑暗,一旦曝光,它们便开始畏缩。我建议你将这种简单的审视用于所有的焦虑情绪。你可能会惊奇地看到,一旦你把焦虑曝光,它们显得多么愚昧。

积极应对

如果不愿成天都消耗在不停预测的焦虑中,那么在这种情况下唯一要紧的事就是找到一份工作,我建议菲尔此时应更勇敢地面对生活。当我跟他解释说想让他参与一个试验时,他听得聚精会神。我想让菲尔改掉自己的思维方式,从令人不安的连续不断的预言中走出来,不要恐吓自己,不要预言任何事情,就让生活自己渐渐显露结果。尤其是,我想让他更积极地应对现实问题,而不是整天胡思乱想。不要自己找事情来担忧,只需对实时发生的事情做出实时反应就好。这对他是个陌生的概念(对大多数焦虑者也都如此),这显然需要有冒险受伤害的意愿(实际上,没有受到伤害,只是感觉受到伤害)。既然焦虑者主要生活在"如果……那么……"的未来世界里,生活在现在世界对他们就是一个挑战。

我给菲尔的唯一指导就是让他每天清晨醒来就试着——用他能够采取的任何方式——从自己的思维里跳出来,让生活自己渐渐显露结果。(注:菲尔已经了解了自我训练的五个步骤,已经掌握了完成这项任务的几种手段。)特别是在用例行方式求职时,这尤其重要:打电话、阅读招聘广告、投递简历,诸如此类。关键是他开始怀疑过去那种限制了生活乐趣的、焦虑的、以未来为目标的想法,于是开始关注现实中的琐碎事情。我让菲尔明白我们不是力图让他停止思考,这是不可能的。我们力图要做的事是把习惯性的焦虑思维方式转向更消极的、只看眼前的思维方式。虽然他对我的方法并不看好,但他仍急于知道:如果让生活自由发展而不是由他预测,那么他的生活是否会有所改观。

自从菲尔承认自己这辈子一直爱自寻烦恼以来,他很快发现消极的态度说起来容易,实际上远比做起来难——但并不是不可能。虽然他最后认识到他的焦虑已经形成一个恶性循环圈(也就是说,他焦虑自己失去信心,无法相信生活,无法相信自己控制结果的愿望),认识到他对焦虑的严重依赖,这种焦虑对生活的影响力已经变得非常强大。然而,菲尔知道他需要摆脱习惯,因为他的不安全感正在谋杀他!痛苦的感受是促使他转变的重要因素。

从岛上离开

如果你是焦虑者,那么就像菲尔一样,把自己从过度思考的大脑中解脱出来,消极地生活上一段时间吧。做到这点,需要付出巨大的努力,并相信生活不仅仅只剩下你心中的烦闷。把自我看作一个点,有如汪洋大海中一座岛屿。这座岛屿代表自我意识——可观察的思维的一部分。除了正常思维之外,自我也是所有反射性的、不安全感驱动的思考的核心所在。另一方面,汪洋代表自我的无限的资源——也就是不能直接观察到的属于你的那部分思维。这是一片自我的、直觉的和幻想的领域。

自寻烦恼者总是生活在他们的小岛上。如果你的船遇难,你会了解小岛的每个角落。而自寻烦恼者们只局限于一种生存方式、一个领域、一种方法,表现出焦虑、预测、"如果……那么……"的思维方式。对焦虑者而言,思维往往受到现实的威胁:"什么,你疯了吗?你希望我去进行访谈并临场发挥?你准是疯了。我得准备!我得想想。"对自寻烦恼者而言,汪洋大海是那样辽阔,因此它必然是令人恐惧的、深不可测的。但在这片辽阔的汪洋大海之中,却蕴藏着自由无畏生活的无限力量和潜力。

运用"自我谈话"的五个步骤,菲尔起初进步得有些蹒跚,需要努力才能变得训练有素。但是在取得些许成功后,他加快了进步的步伐:"我的脑袋不再感觉要裂开了,我的心平静下来了。我让生活自然而然地发展,而不再事先规定每个步骤、每种想法。我不断地告诫自己,毋须杞人忧天。我得告诉你,消极是唯一可行的方式。"

菲尔是正确的。当他开始走出习惯性焦虑的阴影之后,事情的发生和进展都自然而然,不费吹灰之力。令人惊奇的是,老天果然不需要杞人来担忧。通过一位邻居的熟人,菲尔最终在一家豪华的纽约餐馆里找到了工作。在随后的几个月里,纽约最好的饼房厨师长之一教他手艺,最后他跳槽到曼哈顿一家非常有名的饭店里工作。显然,菲尔在他原来陷入焦虑中时,没有料到这样的结果——他的预测充满了焦虑、怀疑、毁灭和阴暗。焦虑只会使事情越来越糟。看不到事物的全貌,当然就不会怀有乐观的态度。

焦虑者是过度思考者和自我催眠者

你曾经觉得别人的焦虑在你看来是多么可笑吗?你曾多次告诉过别人不要言过其实吗?不幸的是,如果焦虑成了你的本能反应,那么你就很可能夸大事实。当你夸大事实时,最匪夷所思的事情也会显得十分真实。这是因为,不安全感经常违背常理。一旦它发挥作用,就一定会欺骗你。

几年前，我教授变态心理学课程。每次在我讲到神经官能症和精神错乱时①，都会遇到学生焦急的询问，说他们"患上了"神经官能症和精神错乱，却无法说明其病状程度。这些学生是焦虑者、过度思考者，他们易受到暗示的影响，在心中灌输这样的想法——"我可能是妄想狂患者。我的确觉得受到迫害！"——于是打开了焦虑、烦躁和恐慌的闸门。

如果你在生活中常常过度思考，产生焦虑烦躁情绪，那么你就得承受内心的巨大压力。在读研期间，我研究催眠术，我记得当时看了一部教学片，片中受试者被引导进入了深度催眠状态。这时，催眠师告诉他，要用香烟烧他的手。催眠师用小方冰块去碰受试者的手，受试者手一缩，仿佛实际上碰到的就是香烟，但值得注意的是冰块碰到的地方的确形成了伤痕！我们告诉自己的和我们相信的东西造成了与客观事物的差异。如果你在心中注入一点暗示（自我催眠），你又相信了这种暗示，那你就会活在这种暗示中。

相对性

在写本章时，我渐渐认识到焦虑给我们的内心安宁带来的强烈影响。我要你们做一件事：提醒自己有无数的问题和焦虑要在你的生活中进进出出。迄今为止，你解决了多少个问题？1 000 个？5 000 个？要么你设法从这些问题中挺过来，要么设法解决，要么逃避，或者还在困境中，或者已经从困境中走出来。对吗？最终每次危机都会成为历史，而你将继续前行。是什么让你觉得今天的焦虑与以往不同呢？

---

① 神经官能症：各种精神或情绪紊乱，如臆想病或神经衰弱，并不是由明显的器官损害或改变引起。表现为无安全感、焦虑、忧郁和无理智的恐惧感等症状。精神错乱：一种严重的精神病，有时机体受到损害，有时没有，以人格错乱与与现实失去联系为特征，会引起患者的正常社会性职能衰退。（译者注）

▼
▼
▼
▼

5　生活是无法控制的

没有人喜欢失控的感觉——尤其是我！几年前我在泽西岛度假，一天早上，我正在一艘租的船里钓比目鱼。如果我在船里换个位置，就可能会注意到有一片黑压压的乌云在向我逼近，如同一辆货运列车。当我最终移动了位置，看到了暴风雨时，已经太迟了。我扔下钓鱼装置，疯狂地起锚，全力以赴地启动舷外发动机。

我高度紧张，疯狂地抓住起动器的绳索，当翻着白沫的怒浪企图颠覆我的小铝船时，我在绝望中努力保持平衡，终于启动了发动机。我目测了地平线，最近的海岸在东面，离我大概有 1 公里的距离。我开足马力，向着跳动的地平线驶去。不幸的是，海浪和风令我无法前行。回过头，我看见要下雨的那块乌云离我已不到 50 英尺了！几秒钟后，雨就会淋到我身上。风刮得越来越厉害，这时我遇到更不幸的事：闪电！

闪电划破长空，在头顶上发出噼里啪啦、震耳欲聋的爆炸声。我不是一个经验丰富的舵手，也不熟悉闪电的规律，但我意识到我正处在方圆一平方公里内的最高点！出于本能，我知道我得迅速做出反应。幸运的是，一个航海方面的常识在这一忙乱时刻在我的脑海里浮现：巴格雷特海湾的平均深度是 18 英寸！我得从小船里下来，以降低我成为避雷针的机会。透过倾盆大雨，我眯着眼睛找到了锚，把它扔到船外，我跳进海湾，幸运的是，水只有齐大腿深。在这狂怒的暴雨中，我注意到，几码远的地方，有一滩海草和泥浆。我不假思索地扑过去。

我的心砰砰地跳，浑身充满恐惧，我设法靠近泥浆……很快我就意识到我并不孤独！刚开始，我对周围的混乱环境还没来得及观察，没注意到我的脚趾在钻心的痛。最后我伸手抓到了一样东西，发现是一只壮硕的三疣梭子蟹夹着我的脚趾，我相信，它一定不怀好意。在把脚趾从三疣梭子蟹的螯中解救出来后，我感觉到还有其他蟹在我身上乱窜。在接下来的几分钟里，我都在与这些折磨人的东西搏斗——至少它们把我的注意力从暴风雨中引出来，而暴风雨已经仁慈地离开了。震耳欲聋的闪电击中了我的船！

暴雨离开了，像一块后退的黑色雨幕。雨、风和浪都在弹指一挥间离去了。我站在明媚的阳光下，脚趾流着血，但没有其他更糟的情况了。

当然，是我的生存本能把那天的状况给控制住了。但是换种说法，当时我失控了，我所做的每一件事都是在斗争，以便重新获得控制和生存。由此我们可以看出，当人类处于危险之中，保持控制、避免灾难、做出本能的反应，是人的本性。我的本能告诉我除非获得控制，否则那天最后剩下的唯一东西，就是支离破碎的小船和支离破碎的乔·卢斯亚尼。

无论是从暴风雨中生还，还是降低胆固醇，或者是在结冰的路面上行驶，毫无疑问，你寻找控制的欲望和本能可以救命。因为处于控制中是你生存的一个必要部分，它常常让我们对另一种形式的控制视而不见，即压根儿不会有益的控制。实际上，控制的欲望，当被不安全感驱动而不是被生活环境驱动时，是你的生活为什么会恶化的原因。

因为不安全感，当你的生活被控制驱动时，你容易感到沮丧、焦虑、敌意或无能。症状不是最重要的，重要的是：要控制你生活的欲望——而不是生存的愿望。对我而言，这种控制的理念无非就是心理学里的大一统理论。在我的多年实践中，这个理念胜过其他，我一直用它来治疗和消除最顽固的心理问题。我知道这是一个偏激的说法，但我相信无论你的症状是什么，无论多轻微或是多严重，一旦你认识到这一切都是关于试图控制生活，你就不会困惑了。请拭目以待。

好控制、坏控制

我想重申掌控事物的想法没有错。当医生告诉你，你的血压升高，你决定注意饮食，这就是控制，这是明智的。当天气预报会下雪，你决定不穿最好的鞋,这也是明智的。但是你若是整晚辗转反侧,反复计较自己5岁时没能进常春藤盟校,这就是不安全感!有两种类型的控制:一种是环境驱动型控制,另一种是不安全感驱动型控制。

环境驱动型控制是对真实、客观的生活环境做出正确合理的反应。如果你的工作处于岌岌可危时,你想着法子不去惹恼上司,这就是环境驱动型控制。同样,如果你超重,注意饮食,加强肌肉锻炼,也是对真实、客观的生活环境做出反应。环境驱动型控制不仅是正常、明智的,往往也是本能的。

据说动物的本性是避免疼痛和寻求快乐,对此我没有异议。但是,我感到还有另外一个问题,需要用更多的有说服力的论据去定义人性:保持控制。

从我们呱呱坠地时开始,人就显示出对失控感觉的憎恶。比如,在婴儿几个月大时,如果你抱着孩子做出迅速下降的动作(也就是失控),孩子会把手臂向两旁挥舞,手掌向上,拇指弯曲,接着将手臂抱在胸前。这叫莫洛反射①,据分析,这种反射可能是由于我们的原始祖先把孩子放在树上,由此进化而来的一种依附他人的方式。当婴儿感觉失控(向下坠)时,本能反应就是重获控制(依附母亲)。控制是我们经常处于不安全的世界里让我们感觉安全的手段。

我在上文提到的暴风雨中的经历,是环境驱动型控制的典型例子。暴风雨中困在海湾中间是一个要求控制反应的环境——如果你想活着描述这段经历。第二种形式的控制,不是由外界环境驱动,而是由内心思想和理解来驱动。这种形式的控制被称为不安全感驱动型控制。不安全感驱动型控制很少与现实的外界事物联系,而是与这些事件的"解释"相联系。比如,如果你穿了条背带裤,因为你感觉你那质量极佳的背带可能会断裂,于是开始担忧你的背带裤是否会承受负荷,这就是不安全感驱动的控制。它与背带本身毫无关系,而是与不安全感下的"如果……那么……"有关。重要的是辨清危险是源自内部还是源自外部。

让我们来比较两种反应。如果你同一个朋友在一起,而这位朋友莫名其

---

① 莫洛反射又称为吃惊反射,当有巨大的声音或是突然变换婴儿头部的姿势、位置时,婴儿会迅速将手臂向外张开,然后会弓着背向前抱住。这种弓着背及手臂张开的动作会在4~6个月时消失,并以吃惊反射来回应预期之外的巨大声响或突然失去身体支撑点的情况。倘若婴儿没有正常的莫洛反射,则可能有神经系统发育方面的问题。(译者注)

妙地变得安静和疏远,你可能会问"怎么啦?"在这种情况下你是对环境驱动下的控制欲望做出反应——对你朋友的行为的不同寻常的变化的解释。另一方面,如果你看见你的朋友离开你会焦虑,"发生什么事了呢?我说错什么了吗?我准是伤害了她的感情!"这种试图"领会"也是一种能控制的企图,但它被你的不安全感和自我怀疑驱动。你相信如果你能领会到自己做错了什么就好了,这样你就能支撑、保护自己。这是基于你做错了事情的假想之上,没有证据,仅仅是你的假想,由你的不安全感驱动。

环境驱动型控制	不安全感驱动型控制
由外部事物支配	由内部事物支配
(如:阴天带伞或生病带药)	(如:误解、恐惧、怀疑、焦虑)
由外至内而产生控制	由内至外而产生控制

焦虑、反复思考、完美主义、怀疑、恐惧、回避,甚至敌意都会成为不安全感驱动控制生活的企图。在接下来的章节里,我会进一步讲述不同的控制策略。现在,在心中记住如果你对自己或对生活失去信心,你可以感觉脆弱,失去控制。

当你感觉失控时,会做什么?如果你完全没有安全感,你可能会寻求更多的控制。然后越来越多,不安全感驱动的寻求控制的生活迅速变成了小狗追自己尾巴的例子:你拥有的控制越多,你需要的控制就越多。为什么?因为不安全感驱动的控制不是解决方法,实际上是问题的一部分!当你的安全感在生活中某个时候被破坏而使你受伤害时,问题便滋生了。没有自信,必然通过控制来补偿生活。本书会教你仅有的一种成功和减缓方式,不是僵化和控制的方式,而是带着新的信任感来自发生活。

这听起来像你吗?

在进一步解释控制的生活策略可能会影响你的回答之前,我们先来做一个简短的自我测试来检查你的控制意向。请仔细阅读以下各题,凭你的第一感觉回答。把与你生活最相符或最不相符的答案画圈。即使你不完全确定,也要回答每个问题。评分标准附在题后。

自我测验：控制意向

是　否　　我一旦开始做事，会直到做完才会去休息。

是　否　　事情没做好时，我通常会着急。

是　否　　我过度焦虑。

是　否　　如果我的桌面很乱，我无法开展工作。

是　否　　当某件事情听起来太好而无法相信时，它通常都是假的。

是　否　　我对一切事情都尽量做到未雨绸缪。

是　否　　别人喜欢我，这点对我很重要。

是　否　　人们利用我。

是　否　　我一直对自己所做的事有充分的理由。

是　否　　我不能很好地接受批评。

是　否　　我很少会感到自己错了。

是　否　　我对批评的典型反应是"是的，但是……"。

是　否　　我通常觉得很难做到准时。

是　否　　我对别人的错误很恼火。

是　否　　我喜欢开车不喜欢坐车。

是　否　　我优柔寡断，难以抉择。

是　否　　当我想得到某样东西时，希望能立刻得到。

是　否　　我太脆弱。

是　否　　大多数人都不值得信任。

是　否　　我一直活在自己的头脑中，考虑、思考、反复掂量，等等。

是　否　　我宁愿知道会发生什么事情，也不想有惊奇。

是　否　　一旦我下定决心，就不会轻易改变。

是　否　　我倾向于非对即错的观点。

是　否　　我被指责个性顽固或过于苛刻。

是　否　　我喜欢在任何争论中占上风。

是　否　　我有完美主义倾向。

是　否　　有时我会有强迫症的表现。

是　否　　我会称自己为过度思考者。

加总你回答"是"的题目,10个或更少表明你不是一个过度控制的人。本书会教你培养更深层次的自信和自发性。

11~17个表明你是中度控制的人。对你而言,对控制的需要是你生活中一个限制性的因素。本书会使你的幸福感和个人安全感发生明显改变。

17个或更多表明你是特别喜爱控制的人。对你而言,对控制的需要已严重破坏了你的生活。本书会教你改变观点。你不需要更多的控制;你需要更多的自信。

阻止你的"海洋"

在前一章里我们讨论了不安全感是你不正常的生活的根源。如果不安全感是根,那么试图控制生活的欲望则是从根里滋长出来的杂草。控制生活的欲望可能会巧妙地开始,悄无声息地发展几年,没有不良影响。但不要因此而产生错误的认识:在某个时候,控制会表现得像杂草一样,将焦虑、怀疑和恐惧铺天盖地地涌向你的生活。试图控制生活是一个破坏性的策略,但是很少人能看清它的本质。

问题是控制有很多张面孔、许多表现方式,人们很容易被它愚弄。权力、金钱、地位、完美主义、焦虑和反复思考只是一些普遍存在的不安全感的副产品的潜在例子。任何一个控制的表现都可能会让你受益一段时间,但最终,它们不是对你有益,而是开始操纵你。你越来越依附于这些有害的策略,拼命地试图阻止不安全感的汹涌波浪。记得孩提之时,我在海边沙滩玩耍,花了大半天时间修建了一座宏伟的沙子城堡。当晚潮到来时,我拼命地筑起一道沙堤来保护我的作品。以年幼为借口,而实际上我认为自己可以拯救我的城堡。但毕竟我还只是个小孩子。

你的借口是什么？你真的认为你能继续无限期地控制生活,阻止或防止不幸的事情发生？如果不能防止,也许能尽量避免所有矛盾？如果是这样,你认为你能阻止你的"海洋"多长时间？当然不会是永远。这就是你为什么会受到折磨的原因,原因就在于焦虑的、不安全感的和自我怀疑的海洋开始逐渐淹没你保护的自我城堡。

为了创造你想得到的生活,又认识到你所寻求的答案不可能出现在你的生活当中——这本身业已成为问题。所以,为了得到正确的答案,我们不妨从这个问题来开始:为什么我们会成为控制的牺牲品？

痛苦源于何处

控制生活给了你一种虚假的、临时的安全感——你情不自禁地认为你的控制策略会永远持续下去。金姆在对生活能被控制这一荒诞说法提出质疑之前已经在这种观念的指导下生活了 28 年。

金姆第一次跟我会谈时非常困惑。她认为她已经选择了自己想要的生活。"从孩提时代起,我一直想成为教师。现在我成为教师了,但我经常惊恐发作!"金姆没有弄清楚这是怎么回事,我得承认我俩初次交谈时,我也没太明白是怎么回事。她告诉我在她的幸福的童年里,有着爱她的父母和兄弟姐妹——甚至一条挚爱的名叫茸毛的狗。金姆一直都是乖孩子,深受老师和朋友等人的喜爱。中学毕业不久她便与中学时代的恋人结婚了,现在感情依然很好。后来进了夜校,六年后获得教师资格证。这段时间里,金姆把自己描绘为安全、自信、没有焦虑的人。究竟为什么这位女子没有明显的原因,却遭受惊恐发作,开始影响她的教师工作呢？我确信我一定是遗漏了某些东西,一定是。

金姆漏说的事实是从小她那苛刻的父亲就要求她事事争取优秀。只有当她成功时父亲才会表扬她,金姆记得"我让他失望"时,父亲就会带着明显失望的表情收回表扬。从这些早期定型的经验中,金姆非常清楚自己应该做什么:"尽量成功"。她对自己所做的事情都尽量要求完美。比如,她不难承认自己不是班上最聪明的学生,但她是最顽强的,总是争取得 A(事实上也没有得过

A 以下的成绩）。金姆的梦想是成为教师,她从未怀疑过某天她会成为一位完美的教师。

她的第一份教师工作是在曼哈顿市中心的一所学校。金姆很快发现自己处于不同寻常的困境当中——她的魅力、工作道德体系和个性都没有带来自己预期的效果。这些孩子不是很坏——基于不安全性和学校的封闭式管理考虑——但是对金姆而言,用过去常用的控制手段和能力无法控制课堂。没有先兆地,她开始焦虑起来。"如果校长走进来看见学生不在座位上怎么办? 如果我不能控制他们该怎么办?"金姆非常努力地接近学生,试图让学生更有兴趣,更富创意,甚至试图恳求他们,但一切徒劳。她的学生不受控制,更重要的是,正是金姆本人感觉无法控制。她长期以来试图保持控制的状态快走到了尽头。

当我们初次开始交谈时,金姆对自己为什么会惊恐发作这个问题毫无头绪。当然,她的工作压力很大,但她以前没有惊恐过,能够处理好工作压力问题。惊恐和焦虑以前没有给她带来问题,那么现在有何不同呢? 不同的是金姆的传统控制手段不再有效。她通常的控制策略是成为大家关注的焦点、取悦别人,而这点在学校里却不管用。她没有能力来保证成功,她的能力被剥夺,而要根据自己的需要来操纵、驾驭他人,她感到无能为力、无法控制——这是惊恐发作的经典公式。直到现在,金姆还没有面对过拒绝服从她的意愿的生活环境——但现在她有 21 条理由惊恐。21 个孩子拒绝遵从金姆的控制意愿行事。

没有必要详细介绍金姆短期治疗的全过程,我只想说一句:金姆所需要的只有一点,即认识到只要她坚持控制生活,她就无意中坚持"不完美的事情都是无法容忍的"这一观点。当她的学生呈现给她的是一副"不完美"的现状时,"惊恐"便是"我无法处理这事"的另一个词。事实上金姆完全能成为一位称职的老师。问题是她没能学会相信自己的能力。她怎么能学会呢? 她一直都发狂似的使她的控制策略趋于完美。

表面上,金姆的故事看起来与你的挣扎无关,但更进一步观察这些早期习惯的形成原因,可能会揭示出对你的个人控制系统有用的认知。在很年幼的时候,金姆想取悦父亲,无意中发现自己的某些行为一直能带来赞赏。这些行为与成为关注的焦点有关,与不犯错误有关。于是金姆不是为自己而活,不是自然地对环境加以反应,而是开始预测和计算生活。这种生活方式成为习惯的理由很简单:它有效! 唯一的问题是金姆对生活预测得越多,她对生活的信心、本能就越少。

你的战斗角色

当孩子感觉不安全时,他们没有太多的资源可以利用,因此当他们受到威胁时,便试图在任何可能找到控制和安全感的地方尽量去寻找,对他们而言这是自然而然的,这是孩子的做法;他们找到了行事的方式——虽然很原始——重新获得控制。前面文中提到的人,比如金姆,试图变得完美以致听不到任何批评的声音。有些人可能会因此而变为小心谨慎的、高度敏感的焦虑者,企图在危险到来之前先发现它。还有些人可能会发现发怒最终会让世界变得顺从。只要你把能缓解压力和焦虑的所有方法都反复尝试了,这些防御或控制策略就会在你的童年时代留下烙印,最后演化成你的战斗角色。

既然不安全感是人类无法逃避的经历,自我训练将教你评估你在什么地方用控制策略把自己隔离起来了。无论你对自己的策略多么地依附或你多么地认同自己的战斗角色,但这种控制的生活只能保证一件事:你会远离生命力的真实来源。你的生命中有多少次听到别人说:"就做你自己,你会做得更好"? 这碰巧是生命中更大的真实,但是这么多的人已经被迷惑得认为控制是防止生活崩溃的黏合剂,他们不再懂得"做你自己"的含义。当金姆停止试图控制每个人,直到她冒险发现会发生什么事情时,她才知道这个短语的含义。她知道少去注意填满了她的脑袋的恐惧和怀疑,而应该让自己(通过自我训练)更灵动、更自发。她没有试着通过预演或预测来控制,她只是让自己相信她的更自发、更本能的能力。起初她认为世界没有控制就会结束,但她发现她的世界没有结束,而是开始了!

如果你的生活成为控制的牺牲品,你可能对挫折、失败,甚至焦虑或抑郁都不陌生。你对此做了什么? 更焦虑? 更力求完美? 每天晚上多喝几杯红酒？由于确信无能为力和恐惧，因此你的战斗角色变得强硬？当看到这些文字的时候，你就会发现自己在思考。"是的，但是……"，请继读。你的生活品质可能取决于它。

自我训练思考

如果你为了控制生活而牺牲自己健康的本能，那迟早你会受罪。

我们人类可以追溯到百万年以前的非洲热带大草原。在长期的演变发展中，我们已经获得许多本能、直觉或其他的生存技能。但我们没有信任这些与生俱有的、自发的对生活做出反应的能力，而是被控制的格言驯化得教条化：首先推测生活，然后反应。这是现今之所以造就了一个过度思考的社会的原因。

回忆前面一章，如果"海洋"被视作我们所有本能、生存本性的仓库，那么正常的自我意识只是汪洋中的一片小岛。一个沉醉于控制的人看到的则相反。他或她把控制视作生活中的支配力量、保护力量——海洋。这样，问题便随之产生。当我们的自然的、无限的生存能力隶属于固执僵化的控制的狭猛心理，我们便开始失去应对生活的本能能力、自发能力。控制的愿望强加在我们身上过多的要求，如焦虑、反复思考、完美主义、担忧等，这过多的负荷最终让我们倦怠。它如同一台无油的发动机：摩擦会让它生烟，然后磨坏，最终——不可避免——这台发动机会停止工作。

你呢？看到冒烟了吗？对你来说摩擦会以焦虑或易怒的形式表现出来，也许只是如同一个胃瘤，或者也许你已经对丈夫失去了兴趣。如果你发现烟雾以心理摩擦的形式出现，你需要卸下过重负荷，立即开始了解控制是你生活中产生摩擦的原因。这个目标是为了把控制从你的生活中消除，让你的自然本能和直觉为生活前进提供润滑油。

控制：像狐狸一样疯狂

一旦你开始了解真相（而不是控制的变形），你就准备着——真的准备着——改变生活。虽然改变始终是可能的,但有时觉得把你变成另外一个人是完全不可能的。请不要被这种感觉欺骗。事实上也许改变感觉起来不可能,但它的确是可能的! 如果我知道关于感觉的一些东西,那就是它们是非常令人信服的,但也是非常有欺骗性的。只需问问克里斯廷就知道了——她曾经觉得自己疯了! 她基本上没能意识到这种疯狂的感觉正是源于她把控制视为唯一可行的方式。

当克里斯廷出生时,妈妈得了产后抑郁症,头两年不得不与克里斯廷分开。当克里斯廷 4 岁时,父亲由于心脏病突发去世。克里斯廷 15 岁时,母亲死于癌症,留下她与两个善良的但不会照顾人的哥哥生活。

克里斯廷有个创伤的过去,这没有给她的爱和安全感以足够的基础(她的本源就是感觉不安全)。这在她十几岁时就明显地表现出来了,这时她的行为开始恶化。她开始焦虑所有事情——相貌、朋友、自己说过的话、没有说过的话(所有的控制策略)。她会反复地琢磨由她的不安全感带来的想法,有时会考虑几天:"如果她认为我自私怎么办? 我太紧张了,我不确定自己说了些什么。也许她认为我疯了。也许她会告诉她的朋友关于我的事情。他们会怎么想呢? 也许……"克里斯廷的不安全感也体现在她的古怪的社交活动方面。她的朋友无法解释她那不可预知的行为,于是开始疏远她。但是,克里斯廷却将之视为她之所以担忧和恐惧的铁证。她疯了。

还用解释她何以会没有朋友吗? 对克里斯廷来说这已足够明显。她感觉自己疯了,而她认识的每个人对此也似乎悉数同意。众人对这一结论的认同,使她有奇怪的释然感觉。现在让我们来面对它:如果你疯了,你找到逃避生活的借口,你不必为自己的行为承担责任。如果你不对你说的话、做的事承担责任,那么你可能会远离攻击或批评。你处于掌控之中。

我在克里斯廷 30 岁时认识她,她很久以前就接受了自己的命运:"世人皆知我疯了! 我无法控制,我只是不停地做疯事。对此,我不再介意了,我不想活了。甚至精神病医生都告诉我,我不正常!"最初她来到心理治疗所是因为她的一个哥哥碰巧读过我原来写的关于自我训练方面的书,于是感到他的妹妹确实需要到我这里试试。克里斯廷对我们的见面并不热情。她曾向太多的心理医生和精神病医生求医，对再见一个心理学家已经不抱任何希望。在她的心中，我只是另外一个让她失望的精神科医生罢了。

寻找火花

最初，尽管克里斯廷来看病只是时断时续，但她的确试图把每次治疗连贯起来，以期得到些益处。尽管她深信"何必麻烦呢，有什么用呢？"，但我的训练方式的确也点燃了她心中的某些东西，她开始对这些叫做自我训练的新方法有所保留地感兴趣了。就克里斯廷而言，对事物感兴趣是一个了不起的变化。你可能会奇怪这是为什么，原因就在于她从前像蜗牛一样地生活在自己的控制策略之中，对任何事物都已兴味索然，现在竟会对改变感兴趣，这自然显得重要。无论你的控制策略多么有效，它们都需要花费不少努力。继续这些策略最终你会变得疲惫不堪。

克里斯廷心身疲惫、倦怠、抑郁，渴望过上一种她认为不可能的生活。她之所以认为不可能，是因为她虚幻地认为自己疯了。尽管你的心中追求更自然、更自发、更充实的生活的欲望会被抑制，但它决不会被消灭。克里斯廷有部分意识知道这点，当她听说有一种叫做自我训练的新选择时，她的这部分意识变得活跃起来。

老实说，她的行为很奇怪，但我立即意识到奇怪之处在于她的行为确实像个孩子。她说话声音胆怯、哀怨，从不正视对方，经常会可笑地发脾气，只是因为治疗和生活对她来说太难了，她就会愠怒。我在最初的几次治疗谈话中苦苦思索过这个问题。我所见到的只是不自然的、完全不成熟的习惯，会不会是这样？

自我训练力量练习

与你分享在我的诊所里从未失败过的技巧对我来说非常重要。无论我什么时候试图解决自己面临的困境，我一直问自己，"这与控制有什么关系？"克里斯廷的个案中，我得出结论：她把自己当成孩子，试图以此免除成人的责任，这就是她对自己的控制。因此，即便她的生活陷入泥潭也就无所谓了。而她觉得自己远离了要应对生活的巨大恐惧,这对她而言才是重要的。正如我重复讲过的:控制扭曲现实。当你经过生命的挣扎和困惑之后,要习惯性地常常自问:"我的症状与控制有何关系?"如同我反反复复提到过的,你会发现规律一直都是:所有的挣扎都与控制有关!

勇敢地抵抗控制

开始时,我系统地挑战克里斯廷的控制观念,她认为自己疯了,以此免除自己的生活责任。因为她根深蒂固的不安全感,克里斯廷的选择非常有限。她有两种选择:一是可以冒险地应对生活,二是找到一个通过发疯来避免冒险的方式。考虑到她极其缺乏自信,她只能选择后者。我首先做的事情便是限制她每天给我打歇斯底里的电话。她不由自主地希望从别人身上寻找答案——任何一个其他人唯独不是她自己。我需要她明白只要她坚持认为我有答案,她就无法树立自信。"我的工作不是授你以鱼,而是授你以渔。"有一天我这样从容地告诉克里斯廷。

"我讨厌'渔'!"她回答,"我不知道该做什么!你不明白吗?我无法停止伤痛!你怎么啦?你为什么不告诉我?你是个怎样的心理医生?"

我站在自己的立场,对克里斯廷解释她已经拥有她需要用来治疗的所有东西。如同萎缩了的肌肉,她的安全感和自信需要加强和挑战。最重要的是,克里斯廷需要知道她坚持认为自己无法应对生活的观点是不正确的。尽管不情愿,但她开始接受事实,即我不会回应她歇斯底里的电话要求。她别无选择,只能忍受自己的怒气,或者干脆放弃生气。

一个月的"肌肉训练"之后,变化发生了。克里斯廷最终看到了她的真相的一丝微光。灯泡继续发亮,实际是她点亮的。她的眼睛睁大,脸上挂着微笑,声音焕发活力,她向我报告说自己有了新发现。她承认这些年来一直表现出"精神病"的样子,是因为感觉这样比试图应对生活和面对失败更安全。

我对她解释如同太阳让我们白天见不到星星一样,她的自我厌恶和不安全感让她看不到自己个性的真实情况。不是她不能应对生活,而是她的不安全感蒙蔽了她,让她无从知道。

克里斯廷运用不同的技巧,这些技巧你会很快学会,开始挑战自己的幻想,而这些幻想最初对她来说是如此的真实。起初很慢,只是有些东西在内心开始搅动。克里斯廷有生第一次开始更清晰地观察事物,开始挑战影响自己生活、浸透着不安全感的恐惧和怀疑。一旦开始挑战,这些幻想便迅速开始蒸发。她认识到生活的真实越多——她没疯,实际上她清醒得很——她就越有力量。

克里斯廷开始在一家面包店上班,工作时间越来越长,直到后来上满一天。她开始去健身房,精神面貌真可谓是焕然一新。我必须承认,她给我的最初印象——勾着脑袋,眼珠不停地转动,扫视周围的一切,看是否有危险存在——确实让人感觉不对劲。实际上,她驱车独自到我办公室的第一天,就有人打电话给警方,原因是这个"奇怪的"女人在街区来来回回地开车,形迹可疑。

我希望你们现在能见见克里斯廷。她的头高高昂起,一丝微笑显示出这辈子大多时候都隐藏起来了的端庄,她面部的妆容突出了碧蓝的眼睛。她开始约会,回到学校,我们可以说克里斯廷已经找到了克里斯廷——一个更成熟的克里斯廷。这一成熟潜能一直都在;不幸的是它曾被不安全感和控制侵蚀。只能确定一件事:克里斯廷业已亲身体会到自己的感觉也会欺骗自己。

克里斯廷的故事很极端,但它表明了控制的可怕影响,不仅塑造了你的个性,而且影响到你选择自己想要的生活的能力。

杂耍

若干年前我父亲教我抛球杂耍。开始是两球杂耍,方法是一只手抓住两个球,把其中的一个抛向正上方,当第一个球开始往下落时把另外的一个按抛物线轨迹抛出——扔出、接住、再扔出。不久难度加大:三个球杂耍。三球杂耍的基本要求是保持一个球悬在空中,在两只手的交接途中。放手然后接住,两手作循环圆形运动是必要的。我没法跟你解释耍四个球的技术,因为我没有耐心学习更复杂的技巧。尽管我很熟悉三球技巧,但有时也会出错:我曾把桔子抛到墙上撞碎;有时抛出去的球把贵重物品撞烂;还有一次,为了给我的女儿加深印象,我曾试图用三个小南瓜来杂耍,结果第二个南瓜在半空中与第一个南瓜相撞。我们只能说用来杂耍的南瓜撞烂是件很糟糕的事。

抛球杂耍之所以难的原因在于它违背自然规律。那些球只是寻找一个遵循引力要求的理由。当你试图控制生活时,你在违背自然规律,我称之为心理自发的自然法则。"心理自发"是学着对生活进行自发的反应,而不是抽象地在脑袋里预测着未来会发生的事——而这事可能发生也可能不发生。

因此如果你被邀请参加聚会,关键不是你是否会玩得愉快,而是去露面,让聚会得以成功。要做到这点,需要坚信——本书将教你如何坚信——无论发生何事,自己都能处理。这样做了,别人自然就会闭嘴,没有更多的争论。如果有人羞辱你,你会有所反应;如果你觉得无聊,你还是会继续活着而不会死去。你不要去纵容自己的怀疑习惯,不要试图在事先解决所有问题!

当你不相信自己具有应对生活的能力时,你不会冒险去自发地生活。在这种情况下,如果你要改变自己,就需要心甘情愿地相信无论你做什么或说什么都是合适的或自我加强。但当不安全感排斥自我信任,你就不会对尝试感兴趣——你所做的唯一的事便是消除冒险,并停止失控的感觉。你的典型做法会是怎样?控制。全部概括起来就是控制。

是什么使控制看起来如此不可抵抗,这应归咎于误导的观念。如果你足够努力,实际上你就可以控制命运:"我在拥有愉快的聚会时光吗?如果……"查尔斯,我曾经诊治过的一位年轻的、精力充沛的电工,告诉我他打算去亚特兰大市旅行。他的最后一站是去赌场,他想出了如何赢取老虎机的方法。在这种机器上你可以随时增加 10~30 美元的赌注。他心中算计,游戏机上的次数会显示出与其他信号的关系——相信我,这是一个精心的策划,查尔斯认为他会赢来财富。

过了一周,查尔斯从亚特兰大回来,到了我的诊所,勉为其难地告诉我他是如何四次长途步行去自动取款机处取出现金。最终他赌输了 3 000 美元。当我问及他的策划时,他告诉我自己并未放弃,只是得做些调整,只要他攒够了钱,就打算再回赌场赢回自己的钱。如同亚特兰大市的老虎机,不安全感有一种始终能打败你的方式。也许不是在一开始,但只要假以时日,即会变为现实。如同查尔斯一样，如果你只是通过继续回顾来得到更多的控制，确信你的欢乐的赌注依赖于它，你就必然会被生活打败。

控制的反面是冒险。毫无疑问：如果你缺乏安全感，在你看来，试图控制生活比冒险要安全得多。毕竟，如果你没有准备，你如何能应对生活的挑战呢？在对生活充满怀疑的情况下，你只会尝试那些能够提供控制的生活。不是吗？一位有安全感、有自信的人会说"我只要向苏珊求婚就会知道她是否真的爱我了"，而一位缺乏安全感、缺乏自信的人需要预测将来会发生什么："如果她拒绝我，我该怎么办？我该说什么？如果她不确定该怎么办？如果……该怎么办？"

你在做数学

有许多控制策略，每个均可视为构成杂耍的一个球。你的一生都在练习、完善杂耍，它对你来说是最不为人所知的。比如，"如果……该怎么办"即可成为你赖以预测（和控制）问题的一个球。另一个选择可能是用"不得不"这一强迫性的愿望来消除问题。可能你属于爱讲"是的，但是……"这句话的人，始终为自己逃避责任找出合理的借口。你玩杂耍的球的数量（控制策略）对你来说是唯一的。而有的人用几个球来操作，其他人甚至更多。

既然你在阅读本书，我假定你的生活不称你意——无论你的期望、希望或愿望是什么，你都没有足够成功。但为什么会是这样呢？你那么努力。你发现周围的人过得都很成功、很快乐。为什么成功快乐的是他们而不是你？你的杂耍的目的（有意识地或无意识地）是否是在躲避生活中的问题，并渴望获得发财的机会？那么你为何过得如此悲惨？你的发财机会在哪？它并非一定是做加法。

控制生活不是加法——也不可能相加——因为控制会做成减法，而不是加法。现实中任何违背自然的活动都会产生摩擦。生活中的心理摩擦不仅会是一道减法题，最终还会令人疲惫不堪，产生无能、厄运及崩溃的感觉。控制生活违背自然，因为正如我在前一章讲过的，控制生活是神话。客观事实是生活不能被控制。

你会暗中挑战吗？

即使有了认知和意识,在你确信日渐萎靡的生活必须改变之前也可能会有犹豫的一刻。产生这样的心理是正常的。这一刻,你认识到没有了防御性的杂耍和获得合理自信的能力,故而你变成一个赤裸的、脆弱的人。对你生活中这一短暂的、引起惊恐的时刻,你不得不保持坚强。如果你太忙于专心杂耍——太忙于对由不安全感产生的虚幻做出反应,那么自我训练无法帮助你。我将让你冒险、前行,让你允许自己裸露脆弱,只要时间一长你就会看到真相。只要你这样做了,你就不再需要我的鼓励。

6 什么是条件反射式思维？

我的女儿开始学习驾车。我同情她在学车开始之时的心理挣扎，她不得不考虑所有的事情："我行驶得太快了吗？我现在应该开始转弯了吗？我是否与前面的车的距离太近了？"很快，她的驾驶水平已经显示出她在这方面的才智，几个月内一切都改变了。而我，驾车已有几十年了。我是在我家的后院学会了驾驶父亲的1955版雪佛兰。我从一挡换到二挡，然后在道路尽头猛地踩刹车，马上又把挡位拨到倒挡，这样居然都没把离合器烧掉，我都没想明白。令我惊讶的是，这根复杂的手动换挡杆，现在居然能变成全自动。

就在上周，我的妻子问我，当我开车时，为什么从来都感觉不流畅。我想了想，注意到在加速时的不同点，我都条件反射似的，如同是在开父亲那辆1955版老雪佛兰！我会放松油门，犹豫——似乎要经历换挡的动作——然后重新加油，结果导致了妻子的批评。条件反射居然能影响我如此长的时间，这真是令人惊讶。

无论是什么活动——开车、挥动高尔夫球、学习办公室礼仪——最初付出努力和有意识的活动，随着时间流逝，经过练习之后，会变得完全自动。当我们的行为从有意识变成自动，我们称之为条件反射或习惯。某些习惯和反射（比如在键盘上盲打或骑自行车），显示了不必再学习的价值，并展现每次我们面临任务时应做出的反应。毫无疑问，对某些行为而言，反射生活的确是一优点。你能想象每天走到车旁而没有这些条件反射吗？"噢，钥匙插进去打火。好，向右转，推动手杆，踩下油门……步骤太多？我行驶太快？"自动的、下意识的生活能力导致更有效的生活方式。

当思维成为反射

大多数有用的反射，比如开车或按下熟悉的电话号码，不需要正式思考，而只需要极少的意识作自动反应。这种思维可能最好被称之为"自动思维"。另外一种自动反应则完全无效，或者说完全无用。实际上，不仅无用，而且完全有害。这种思维会向你灌输怀疑、恐惧和焦虑。我把这种思维称之为"反射思维"，它描述的是以前的、更原始的思维习惯，这种思维由不安全感驱动，具有破坏性。

我要讲的是两种基本习惯。第一种是自动思维型，它包括如咬指甲；懒散；绕头发；忘记把胳膊肘从桌子上移开；或者，像我无意识地换挡，让我的妻子发狂。这些习惯不一定与细致的思维有关，可能最好被描述为下意识的、非思维反射。我们谈论习惯的时候，往往多数人都认为习惯主要是自动的、缺乏正式的思考。

第二种习惯是反射思维型，可以表达为有自我怀疑、悲观或某种恐惧的倾向，这种思维类型是由不安全感驱动的心理习惯。反射思维通常是通过贯穿生活的破坏性的、重复的主题来表达。比如，"我不能做这事，太难了，我不在乎别人是否会批评我。我只是觉得不太舒服。"或者，"不，我别无选择，必须完美。"这种反射完全靠消极思想来维系。理解反射思维会有助于你明白为什么你的生活止步不前，为什么同样的老问题总是重复上演，为什么你变得既无能又无力。

当不安全感占据上风

无数的生活习惯构成了今天的你。当你看到生活无法前行，你不仅仅是在看瞬间的快照，也是在看领先于这一刻的所有事物的最高点。生活的起伏、疾病、分离、伤痛、惊奇、成功、失败和意外，所有这一切形成了现在的你。而在这些经历中，对你影响最大的，决定性的是不安全感。

如果不安全感是你的反射思维习惯背后的驱动力，比如，你可能会发现自己有强迫性的习惯，做事情时是"不得不做"而不是"想做"。或者可能你有焦虑的习惯——"假如……该怎么办"的慢性反射。这种长期的习惯可能看起来很自然,至少在你心中对其持部分肯定的态度。但是,这些东西只不过是看起来很自然,并不意味着它真的很自然。生活中真的自然的东西很容易从我们身上涌动出来,让我们成长,让我们恢复。这是一种创造的力量,生物学家称之为合成代谢能量。与之相反,还有另外一种能量,即受到不安全感控制的能量,这种能量——分解代谢能量,则会耗费精力、消耗耐力。

所有的反射思维是分解式的。

反射思维——分解式思维——让你能量损耗而不是让你恢复。这种心理损耗并不引人注目,甚至并不明显,但不要搞错——它是累积的,会给你带来恶果。一旦受到损耗,接下来会发生什么大家都已知道。在你等待崩溃时,你的生活变得杂乱而停滞。

比如,卡丽,一位 29 岁的兽医,认为她能隐藏自己感觉不安的事实,直到有一天她的反射、分解代谢能量最后给她带来恶果。她发现自己由于惊恐发作而无法完成一只德国牧羊犬的手术。安迪,一位 40 岁的管道工,也是反射思维累积效应的受害者。起初,他见人总会害羞的特点只是烦恼,尚不构成问题,但随着时间的流逝,他发现自己与顾客打交道时越来越困难了。当他发现自己已经无法给顾客回电话,眼睁睁地看着生意陷入僵局,他知道自己有大麻烦了——分解麻烦。

以下是合成与分解反射思维选择的例句。看你是否符合以下描述:

合成:听音乐
分解:一直忙碌——没有时间休息

合成:享受有朋友来访
分解:宁愿独自完成任务,而不与他人合作

合成:通过冥想、祈祷或沉思来放松

分解：只能通过外界事物来放松（电视、酒、比赛等）

合成：享受成功

分解：从不对成功满意

合成：艺术追求——追求过程的选择

分解：处于完美或需要完美——以目标为方向的选择

合成：享受欢乐时光

分解：从来都没真正快乐过

合成：健康、适度的生活

分解：过度锻炼来减肥、保持健康，或沉溺于酗酒、暴饮暴食或吸烟等

合成：相信自己的决定

分解：对自己的决定有负罪感，或持怀疑态度

合成：在处理人际关系、准时赴约会等方面游刃有余

分解：人际关系冷淡，约会总是急匆匆地赶去却迟到

如果以上分解的例子适用你，你则需要明白你的心理障碍会磨损生活质量。自我训练是让你学会恢复活力，而不是折磨你的生活的合成项目。

下意识生活

反射思维不是通常的思维方式，它是由不安全感驱动、事先准备好的、重复的思维。反射思维的重心可能会随着时间而转移。你年轻时可能会不断地担忧自己的容颜，现在担忧金钱和安全，却不太注意体重已经增加了 10 磅。注意力转移了，但你的思维没有变：自我怀疑、不信任、经常说"如果……该怎么办"。换言之，这不是关于细节的，比如你的头发是什么样子，或者你是否在银行有足够的钱；而是关于你是否觉得自己处于控制中。底线是：试图控制生活会不可避免地导致反射思维，这将导致下意识生活。

反射思维在你的成长年代即开始萌芽，它典型地保留有孩童风格。因为

这种不成熟——在反射思维中非常典型——我把这一概念称为"缺乏安全感的孩子的声音"。现在我想提炼并拓宽这一概念,缺乏安全感的孩子这一概念对大多数人有用,但也给大家带来了一些困惑。将这一由不安全感驱动的思维称为反射思维,我是在描述这一破坏性的、不安全的思维过程,而不仅仅是给它取个名字。

自我训练思考

当不安全感未受到挑战时,反射思维的倾向是不可避免的。

自我训练力量练习

以下是有用的工具:无论你何时发觉自己心情烦乱焦虑,除非是对真实的客观生活的直接回应,你就应怀疑这是反射思维。问个问题:"我是在对事实焦虑呢(该事实是实际存在的事物、争论、失业或疾病)抑或只是对虚构之物焦虑(将来可能会误入歧途的事物)?"告诉你自己,"我只能对事实焦虑。"这是你的选择:你可以盲目地接受不安全感的有力束缚(对虚构之事的反应)或学着迎头前行(只对事实做出反应)。如果你决定创造自己想要的生活,那么你对生活的事实和真相理解得越透彻,就越容易将自己从虚构事物中解脱出来。

自我训练思考

面对任何事物,谨慎、理性、寻求控制联系能防止你盲目陷入反射思维。

反射思维未受挑战有三个方面原因:

1. 它已成为自动思维习惯,这是你控制杂要的一部分。

2. 你不知道控制正在破坏、统治你的生活,因此反射思维看起来是必要的、能起保护作用的。

3. 你没有足够的自信来拒绝不安全感的虚构之物,或无法信任生活中的事实与真相。

你的选择:事实或虚构

带着对即将采用的用来改变生活的五步治疗法的预期,我想让你体验未来会发生的事。你可以立即着手来挑战你的一些反射思维。把这些迄今没有注意到的想法称为反射思维,有助于把你的健康成熟思维与防御性的破坏性思维区分开来。只需通过问自己一个问题就可以做到这点:"我的感觉是事实还是虚构?"这个简单的问题有打破不安全感的神秘的力量。为什么?因为你在把个人意识与周围环境结合起来。记住,反射思维是下意识的。它能非常有效地支配和破坏你的生活。只需通过关注每一次挣扎中的内在选择,就可以暴露出反射思维。一旦你有了选择,就像那首过时的第一次世界大战时期的歌曲所云:"年轻人见到巴黎之后,如何能安心待在农场上?"一旦你看到生活的真相和事实,就很难回过头盲目地接受虚构之物。

看看做到这点是多么容易:

反射思维	事实真相
我的年纪太大,不能又回头去上学。	好,我承认这点,我担心如果回去上学可能会失败,但我不必让恐惧支配我的选择。
我无法跟他们合群;我可能会感到尴尬。	那是我以前的无法合群的反射想法,当我放松时,我知道自己做得很好。
我别无选择;我不能对她说不。	我当然有选择,这只是我的怀疑的反射思维认为我不能说不。
我为什么那样讲?我真是个怪人!	别人允许我把事情弄砸。只是我的反射思维认为我必须完美。
我在生活中会一事无成。	我的习惯是认输,但我不必听废话!

我当然很忧郁;没有什么可以让我满意。

我又出现了无意识的抱怨。抱着这种态度,没有什么会让我满意! 我不能苟同阴暗的世界观。

你让我给她打电话? 我不能这样做。我不能处理好与她的冲突。

不是我不能处理好与她的冲突,而是我害怕冒险处理。如果我继续避免所有挑战,我将不会变得坚强。到了决定我究竟想成为什么样的人的时候了!

我想更安全,但这不是我。这不自然。

不安全感可能感觉自然,但我知道这只是个习惯,不是现实。当然很有可能起初感觉不自然,但这又有什么关系呢? 我应该过更好的生活,但我要通过必要的手段来获取这种生活。

健康思维

现在我们可以简单地说,当反射思维停止时,健康思维便开始了。健康的、放松的、以真相为基础的思维是最好的思维方式,也是自我训练的目标。但对大多数正陷于不安全感的痛苦之中的人来说,健康思维只是一个遥远的未来。究竟什么是健康思维? 健康思维是有意识地解决问题而不会受到不安全感的影响。健康思维使思维更清晰,从而提升了自主生活的能力。但有一件事是健康思维无法企及的,就是消除来自你的生活的所有压力和焦虑。每个人的生活中都会一直有挑战、障碍和痛苦,这很正常。只有当不安全感与真实挑战混淆在一起时,生活才会变得难以驾驭。

艾琳,一位 34 岁的律师,觉得健康思维很难实现。

我初次见到艾琳时,她的律师执照已被吊销,她因自己的违法行为而受到起诉。在庭审日期宣布后的漫长等待期间,艾琳开始陷入忧郁,时不时情绪激动,深深地陷入惊恐发作中。随着庭审开始,她的情况开始迅速恶化。

当她的情况越变越糟时,艾琳意识到,情绪的进一步恶化会使她丧失行为能力。反射思维将她置于一个糟糕而可悲的境地，并进一步演化为梦魇。当她被法庭传唤时，她发现自己不但不能清楚地思考，还紧张得歇斯底里，不停地要求法官休庭。

她的焦虑开始渗透到日常生活当中。她寝食难安，不停地想象她的丈夫会离开她（而她的丈夫全心全意地深爱着她）、她的孩子会蒙羞、她会在精神病院里被五花大绑。虽然她的职业遇到危机，但实际情况并非如同她的反射思维让她认定的那样糟糕。艾琳沉浸在焦虑和反复思考中，知道自己陷入了麻烦。这时她给我打来了电话。

从我们第一次接触起，我就意识到必须把艾琳从反射思维的束缚中解放出来，并开始为她的健康思维打下基础的重要性。我给艾琳上了"自我谈话"的速成课，我们一起制订了她的课程。她首先要做的只是坚持不要给自己灌输反射、逃避的想法。她知道不能对自己的努力随意放弃，实际上她也没有放弃。她像战士一样同反射思维做斗争。慢慢地她开始把事实与虚幻区分开来，拒绝被动地让不安全感将她压垮。随着不断进步，她开始从痛苦中解脱出来，并决心一直坚持下去，这种态度令她自己也感到惊讶和愉悦。不再感觉心烦意乱，她开始怀着坚韧和勇气去生活，这已初见成效。

艾琳努力地保持健康的理念，她一旦在反射思维上刹车，她的生存本能就能得以显现，从而卸下她的负担。健康的思维开始替代歇斯底里的反射，她开始睡得更香甜，并开始获得庭审期间失去的快乐心情。这个案子最终被撤销，她的执照得以恢复，艾琳一家又恢复了往日的平静生活，家庭仍然是她的坚强后盾。

无论面对的是大危机还是小矛盾，能够远离反射思维不仅是加强健康思维能力的最确切方式，也是接近你的本能的、直觉的能量储备并保证成功的最确切方式。

转换开关

我已把反射思维解释为由不安全感驱动的、习惯性的思维。众所周知，积习难改。马克·吐温曾经讥讽地说："吸烟是最容易戒掉的习惯。我已经戒过成千上万次了。"无论这话是否只是搞笑，都不要被它蒙蔽了；事实上，所有习惯都是后天养成的,都可以改掉。我发现有必要把挑战当作心理上的电灯开关。每个人都有开关。当不安全感操纵着你的生命过程时,你关掉了灯,并将其视为解决问题的有效方式;当你打开灯,你选择支配生活,而不是让生活折磨你。是什么原因使你决定转换开关? 正是你敢于相信事实而不是虚幻的能力。

在接下来的章节中,自我训练能保证你把灯亮起来。但现在你只需明白,改变生活并非像你想象的那样艰难——前提是拒绝接受反射思维所告诉你的:这不可能。

你将用哪种方式来转换开关? 当受到生活的影响时,你会继续听反射思维的话,还是会去冒险找出真相?

苔米,一位26岁育有两个孩子的母亲,被罪恶感折磨着,总认为自己是个不称职的母亲,她所做的一切似乎永远不够。她担心她的不称职将会在某一天使她丧失孩子的监护权。尽管丈夫和孩子都认为她很出色,但仍然对她无济于事! 之所以无济于事是由于她的反射思维让她的情感受到折磨。苔米的精力被耗尽,毫无疑问她需要转换开关,但她很担心:

> 当我内心产生如此多的恐惧时,我怎么可能信任自己? 我怎么可能选择不相信恐惧而感觉良好呢? 我如何选择继续生活并真正知道这些想法都是荒谬可笑的,而我并没有伤害到孩子呢? 我觉得自己受到不安全感的摧残。不安全感如此强烈,我不知道该怎么办。不,我不诚实。我不知道该怎么办这话不完全正确,实际上我知道。事实上我只是看起来不知道。要改变这种状况,我似乎觉得无能为力,即使我知道这确实是我必须做的。我如何说服自己这些想法都是虚构的呢? 如果这些想法不会影响到我的孩子,我就不会紧张。我不能拿孩子的幸福来冒险。

我回应说:

你小时候相信妖怪吗? 如果你相信,那么你或许还记得为自己的想象受了多少苦。从某种意义上来说,现在发生的就是你的不安全感带来的妖怪反射——担忧自己是个不称职母亲的幻觉,并且相信了这点。这就是反射性思维使你失去了自信,你所需做的就是要看到真相,还原生活的真面目,而不是由不安全感来涂抹生活。解决问题的方法与你小时候一样：你必须再一次让灯亮起来——自我意识之灯，真相便会大白——没有妖怪。

现在，通过加深对反射思维的理解，以及一些练习，你会惊奇地感到：已经非常容易分辨你是真正在思考或是不安全感在替你思考。通过分辨反射思维的影响，你就能够把所有的妖怪从你的生活中驱除，你也能大胆相信事实而非虚构。做到这点，你的生活便会开始变得有生气。实际上，你也不能阻止生活的美好。

▼
▼
▼
▼

7　不要孤立自己和回避生活

当反射思维使你认为你无法适应生活时,你就常常会选择孤立自己和回避生活的挑战,但这是一种防御性的误导。这一防御企图让你远离危害。如同冬衣能让你御寒,回避的控制策略试图建立一个保护性的缓冲地带,一道你与可察觉的危险之间的屏障。当被不安全感驱使时,一些日常生活经历也会变成心理远离的形式。这一广义的概念包括情感回避(冷漠)、过度阅读或过度看电视、酗酒或滥用药品、消极、迷恋工作、愤怒或充满敌意、社交回避或害羞、超然态度、极度疲倦或嗜睡、抑郁乃至体重增加。当上述任何一种行为被过度实施时,都会成为影响你正常思维的原因,而且很少能被发现,因为是它们让你试图与生活隔绝。

由于回避生活很少被看作是你不快乐或无法成功的主要原因,那么运用下面的自测题来帮助你评估自己便很重要了。

防御性回避自我测验

请仔细阅读以下各题,凭你的第一感觉回答。把与你生活最相符或最不相符的答案画圈。即使你不完全确定,也要回答每个问题。评分标准附在题后。

是　否　　当我独自一人或与家人在一起时我感觉最舒服。

是　否　　自娱自乐对我来说不成问题。

是　否　　虽然我可能没有表现出来,但我通常对人设防。

是　否　　我不喜欢别人帮我(我宁愿付出而不是得到)。

是　否　　我没有很多亲密朋友。

是　否　　我喜欢享受孤独的活动或爱好。

是　否　　我有沉溺于酒精或吸毒的倾向。

是　否　　我喜欢逃避的大多数方式(如,搞科研、工作、看电视、玩电子游戏、阅读)。

是　否　　我宁愿打扫厕所(做些忙碌但无价值的工作)也不愿跟朋友出门。

是　否　　人们经常让我失望。

是　否　　我很腼腆。

是　否　　根据我的心情,我会选择性地接听电话。

是　否　　我不是很主动。

是　否　　有人批评我情感冷漠。

是　否　　当我感到需要自我保护时,我会变得充满敌意。

是　否　　我通常在别人面前掩饰自己的真实感受。

是　否　　我无法与别人做到亲密无间。

是　否　　我的脾气让我陷入麻烦。

是　否　　我说了许多无恶意的谎言。

是　否　　与人打交道是最大的麻烦。

如果你回答"是"的数目超过 14 个,那你就有明显的回避倾向,你需要认识到不要让这些特殊习惯继续的重要性,你应让本书来改善你的状况。9～14 个"是"表明你有一定的回避倾向。弄明白本章的警告,不要让任何回避倾向和逃跑倾向发展。低于 9 个"是"则说明你没有明显的回避倾向。但是,你可能有时在面对压力时会倾向于回避。

不健康的回避,健康的回避

让自己孤立远离危险听起来是个好主意——并且它也确实是——只要你记得第 4 章中的环境驱动型的思维(好的类型)和不安全感驱动型的思维(坏

的类型)的差别。最开始要把健康的(好的)与不健康的(坏的)回避区别开来有些困难,因为二者的差别极为细微。读下面的例子,看你是否能辨别当被环境(事实)驱动时,回避如何倾向于更理性、合适与温和。另一方面,当被不安全感(虚构之物)驱动时,注意反应是如何倾向于过度、易冲动、与情境多么不相称,也要注意健康的远离如何只被事实驱动。不健康的远离可能刚开始时作为对事实的反应,但迟早会把那些事实变成虚构:

环境驱动的回避:我得知我的同事在老板面前说我的坏话[事实]。我得暂时注意我所说的话。

不安全感驱动的回避:今天早上老板对我不高兴[事实]。准是有人讲我坏话[虚构]。从现在起,我再也不跟任何人讲话了!

环境驱动的回避:鲍比很有竞争力,他告诉我六个月内要取代我的工作[事实]!显然,我需要保护自己,确保所有的文件都及时更新。

不安全感驱动的回避:鲍比看起来是个危险人物[事实]。我敢说他想在老板面前诋毁我,破坏我的声誉[虚构]。我承受不起这种重压。我选择放弃!谁稀罕这份工作。

环境驱动的回避:我以前的男朋友要参加这次聚会[事实]。在聚会上,我没有打算跟他交流。

不安全感驱动的回避:什么?我以前的男朋友要参加这次聚会[事实]?如果他看见我,一定会嘲笑我身上长出来的肥肉[虚构]。不,我不去参加这次聚会。

环境驱动的回避:谢莉太固执己见[事实]。我发现与她在一起,只要由她来做决策,气氛自然而然就会和谐。

不安全感驱动的回避:今晚谢莉想加入我们的聚会[事实]。我想今晚我就待在家里好了。我突然感到有点头痛,不想出门,反正也没人真的在乎我是否加入了她们的聚会[虚构]。

环境驱动的回避:妈妈不停地给我打电话[事实]。她要把我搞疯了[事实]。从现在起,我要安一个电话答录机,开始过滤她的一部分电话。

不安全感驱动的回避:妈妈不停地给我打电话[事实]。我觉得别无选择[虚构]。我要冷落妈妈。迟早她会明白我的意思而停止给我打电话。

环境驱动的回避:凯茜总是不停地让我心烦[事实]。我没必要这样经常见她。

不安全感驱动的回避:我无法让凯茜失望,这会杀了她[虚构]。从现在起,当我和凯茜出去时,我要坚持去酒吧。只要几杯酒下肚,我就舒服了。

我来总结一下不健康的回避和健康的回避的基本差异:

不健康的回避

因为不安全感(不是环境),你远离生活,感觉生活更处于自己的控制之中。(虚构被当作事实。)

比如:避免与人谈话,因为你担心可能会说出一些让自己后悔莫及的话;不买吹雪机,因为你担心邻居会希望你帮其除雪;不参加公司的野餐聚会,因为你不想出现酒后失态的尴尬场面;不想跟人太过亲密,因为你担心自己会暴露过多。

当与环境不相称时,回避就是不健康的。

比如:拒绝看医生是因为你不想别人告诉你,你该减肥了;把房子出售,因为你发现屋里有老鼠;与男友分手,因为你发现他的眼睛盯着别的女孩;拒绝坐飞机是因为恐怖主义。

健康的回避

当你避免真实的、威胁生活的环境（事实）来保护自己，或提供必要的心理、生理恢复时，回避是健康的。保护自己免受各种危险是健康的。

比如：告诉你的网球伙伴你需要在打球时休息一下；与得流感的人保持一定的距离；拒绝邀请因为你太累了；找个临时保姆，预订一家包早餐的旅馆去度周末，因为你跟孩子正在吵架；放下工作，出去散步。

回避尚未做好充分准备以应对真实的威胁或挑战是好的。

比如：推迟你尚未准备好的测验；没有得到更多信息之前不盲目赴约；与医生商量后再参加马拉松大赛；直到与人相处愉快后才与他深交。

当回避与环境相称、相当时才是理智的。

比如：不想围绕在讨厌的人身边；不想继续与欺骗过你的人约会；几杯酒下肚后不想开车；避免跟你觉得无法共处的人待在一起；在刚过去的三小时里与妈妈谈了三次，因此现在不回妈妈的电话也没有罪恶感。

既然健康的回避形式始终是有益的，那么现在我们可以放弃对它们的讨论，把所有的注意力集中在对坏的、不安全感驱动的回避的表达上。为简洁起见，从现在起但凡我提到回避就是指不安全感驱动的回避。

壳居生活

蛤蜊、牡蛎、龙虾、海龟和犰狳有什么共同特征？它们都依赖自己的壳来保护自己。面对生活挑战时，回避可以为你提供令人生畏的壳。也许心理的壳并不像牡蛎或犰狳的壳那样坚硬，但是自我控制感也像壳一样难以渗透。

考虑一架天平，你把一边的东西拿到另外一边，那么这边就会减轻，另一边则会加重，所谓此消彼长。如果你继续构筑回避之壳，那么应对生活的能力就会减弱。这是显然易见的。

查理，本地一位 40 岁的中学物理老师，他来见我时，他身上的"孤立和回避"的倾向已持续了 19 年。虽然当时他没有意识到这点，但他已准备把头从壳里面探出来并享受生活。查理说：

每晚我回到家都很疲倦,最不想做的事就是在电话里跟人聊天。通常我会关掉电话响铃,让电话答录机来应付。几天后我开始有负罪感,特别是当妈妈不停地打电话,说"我不知道你是死是活。"我真的无法理解,为什么人们不能接受我宁愿一个人待着的现实?他们不想理解这点。

我的夜晚一贯孤独:看电视、上网、喝啤酒。不要误解我,我喝啤酒不是为了买醉,只是找事做。现在看看我:我有一年多没去过健身房了,我的五脏六腑都出问题了。我应该做的事就是尽量出去多见些姑娘,但现在……看看我,我像一个大水桶!我无法赢得姑娘的青睐。

每件事、每个人对我来说都像是负担。我一直认为,我只想独自待着。坦率地说,当我独自狂饮啤酒时,奇怪的是我并不快乐。实际上,我得说我很忧郁。虽然还不至于想要自杀什么的,但还是为自己感到难过。我越是感觉情绪低落,就越是不想跟人接触。这就是我为何决定要尝试心理咨询的原因。也许我需要接受我是个孤独者的事实,也许我需要接受事物的本来面貌,是吗?

不完全是,查理。这并不是事物的本来面貌,而是你的自我感觉!查理长期感到强烈的不安全感,总是认为如果我不是那样做而是这样做就好了。还在读大学时,他就开始有规律地吸食大麻。他本来决定从事化学工作,结果去了医学院。毕竟他是父母的掌上明珠,不能犯错。从他的孩提时代起,众人就视他为明星。实际上,他的母亲,在介绍他时总喜欢装腔作势地炫耀:"这是我的儿子,查理医生。"

大学二年级时,他开始吸毒并参加各种聚会,成绩开始下滑。查理发现有机化学专业保持全优的成绩太难了。没有过多考虑,他把专业转为了教育学,这门学科好学得多,而且比医学院的要求要低得多。

查理设法戒毒,他最终毕业了。他实习的学校正好有空岗,他便立刻开始工作了。过去的 19 年里,查理持有自我否定的态度:"我得承认,当我碰见女孩的时候,我很不好意思告诉她们我的职业。有一两次,我撒谎说我是外科医生。这不明智,但我不由自主地这么说。"

查理和我开始探讨他的孤立的生活方式,我们能辨认出以下孤立的特点:

1. 孤立的思维:辱骂、弄巧成拙的自我否定、自我贬损("我需要接受我是失败者的现实"或"我是二等公民")

2. 孤立的回避:拒接电话

3. 孤立的回避:拒绝社交

4. 孤立的回避:在办公室里孤立自己

5. 孤立的敌对情绪:感觉愤怒与敌对,并以此产生距离

6. 孤立的抑郁心情:理性离开(缺少能量,感觉无法抵抗,不关心,为自己感到难过)

7. 孤立的回避:酗酒

查理使用自我训练的方法,通过学习寻找真相而不是被动地坐以待毙,也不允许反射思维产生懊悔和遗憾的虚幻,开始挑战自己的偏见。过去,他喜欢自己做的事情并苛求做得最好,但反射思维已不可能使他认识这一简单的事实。查理曾告诉我,如果他在学校里玩了一天,便会产生负罪感!为什么会产生负罪感?因为直到现在,如果他想成为老师,他的不安全感就会告诉他:这一行为令其父母失望。

最令人称奇的是:查理走出自我厌恶的孤立,承认自己具有特殊天赋且不缺乏爱,仅仅数月之后,他遇到一位女子,而最近他与这位女子订了婚。随你怎样说——巧合也好,偶遇奇缘的运气也罢——事实上随着查理的态度转变,他的运气也变了。是先有鸡还是先有蛋?我多次见过这种"巧合",因而无法忽视它。消极往往带来失败,而积极往往孕育成功。在后面的章节中我会向你阐明,实际上你的思维方法和信仰会改变你的命运和运气。我知道两者之间似乎没有关系(至少不是必然地),但不知为何,我们的信仰——真正的信仰——似乎会影响我们的命运。

幸福在寻找你

德国有句谚语:"开始编织,上帝就会给你线。"开始相信自己,答案就会找

到你。我完全相信这一哲学观，并且我在劝告人们时总是引用这句话。一旦你相信答案能够找到你，你便会减少你对自我驱动型需要的依赖。是你的理解使你在第一步就陷入了困境。对于想掌控生活的人而言，当说到如何发现快乐时，答案是：少些掌控即会多些快乐。

通过采用更开放、更易扩张的生活理解力来冲销你原有的思维方法，你可能会感到有点草率——毕竟，直到现在，掌控生活似乎是你唯一的朋友。但事实上你的这种掌控生活方式没有用！紧张、挣扎及试图掌控生活，并没有给你想要的答案。恰恰相反，它们带来了更多的问题。

我要求你放弃所有代表你处理生活问题的反射思维的躯壳，让你开始承认，对你而言有超越你思维范围的更多的东西。只有当你愿意相信广阔的本能海洋是你的其他潜能之所在，而不再相信拥挤的、阻塞的、掌控的思维，答案、快乐、意义和希望就能找到你。

自我训练思考

我发现我工作越努力，似乎就会越幸运。

——托马斯·杰斐逊

情感冷漠的人

另外一种形式的贝壳回避以缩进逃离情感的贝壳为特征。这一范畴的问题包括害怕承诺或跟人走得太近、限制或压抑自我情感、害羞或冷漠。为何没有情感的生活是远离的防御？这是因为相对于思想而言，对情感的控制要比对思想的控制要少。但是如果你不谨慎，你会面临众多你无法处理的问题。然而思想很容易被控制，情感却会暴露你身上的原始真相。如同牙膏从牙膏管里被拼命地挤出，许多人被动地挣扎着要掌控生活。对于这类人，回避情感会是控制你希望人们看到的东西的合适方式。

辛西娅讲述了她在情感上与丈夫疏远的事，她的讲述让我们对这一微妙的但潜藏着破坏性的控制形式有了大致了解：

我爱马克，但有时我怀疑他对我的爱。虽然他说他爱我，但他从没表现出来。他会谈论一切事情，甚至我们的性关系，但他从没表现出任何感情。当我试图强迫他告诉我对一些事物的确切感受时，得到的回答总是"我不知道"。马克不是冷酷，只是不擅表达。

细细想来，我觉得马克的确表现了一些感情。他有时会发火，但这是我见过的他的唯一情感。通常他只是淡淡的、冷冷的、不愠不火。即使我们做爱也如此，非常机械化、例行公事似的。有时我会奇怪自己为什么不厌烦。没有温情，但愿我们能尝试冒险一点的事情。马克显然不是个愿意冒险的人。我们亲热的时候他会关掉灯，既不吭声也没有前戏……简直就像只是为了这个过程。

马克不同任何人联系。可以想象他是怎样的人。即使跟孩子们在一块，我发现当孩子想拥抱或吻他时，他会烦躁不安，不停地扭动，仿佛怕得要死。老天才知道这是怎么回事。我肯定不知道。

辛西娅和马克夫妇共同咨询，两个人都能接受真的有另外一个马克的观念——一个马克与世隔绝，藏在他的躲避之壳里。经过一点训练后马克能够冒险暴露情感，但一旦他这样做了，事情便迅速改观了。

辛西娅的直觉是正确的：马克压根不是一个冷酷的人。实际上，他非常敏感、热情、充满爱心，很久以前他就开始了这个习惯：坚持认为他的感情太强烈、太危险。马克生动地回忆起他那充满男子汉气概、在铁工场上班的父亲的座右铭：男孩都得成长为男人。在成长过程中，坦露感情——任何感情——给他带来了多次反射焦虑的回忆，他被讥笑为"妈妈的宝宝"。小的时候，马克即领会到抑制情感是安全的策略。马克开始了从敏感到恬淡寡欲的个性改变。唯一重要的事是他不再被羞辱为"妈妈的宝宝"。在成长岁月中，马克造就了远离的最初形式，这一形式如今已变成了一生的习惯。现在起他开始挑战这一习惯。感谢辛西娅。

当我让马克挑战他认为情感太危险这一观念时，他无法给出它们为何危险的合理理由。他所能说的只是，"它们太危险了，因为我感觉危险。"马克需要学习一些自我训练的知识：当反射思维在指引你时，你脑中所思、心中所感便不可信。马克害怕的不是现实，他害怕的是扭曲了他的理解、深深束缚着他的莫名担忧。自我训练方法远比传统的心理治疗法来得有效。

虽然我们对马克的疏离历史感兴趣，但同样令人感兴趣的是要压制他的习惯的起源，我需要再次提醒你自我训练并不要求你重温过去。既然所有的习惯都是在目前被表达和反映出来，为何要把时间耗费在过去？马克不需要对过去进行领悟或艰苦地追溯过去，他需要挑战、激励并相信自己能打破不安全感的镣铐，这一镣铐在目前非理性地掌控了他的生活。

自我训练思考

如果在中场休息时间，篮球教练让他的队员们思考他们失球的历史缘由，很有可能球场上会有五位队员困惑地进入后半时。好的教练需要做三件事：决定需要做什么、点燃动力之火，并让队员们行动——马上行动！

一旦马克明白了该从何着手，他便开始了实验。起初他的情感只有一小束，敏感且被忽略，但他冒险越多，就越能理解这个崭新的体验的世界。没有了情感冷漠，情感就找上了马克。正如辛西娅在我们最后几次的交谈中曾提到过的那样，"我一直爱马克，但直到现在我才明白了个中缘由。现在我看到的是一个完整的人。"

控制愤怒

愤怒都将以羞耻结束。

——本杰明·富兰克林

回避的另一表达就是：把愤怒当作让自己与生活隔离开来的方式。远离是生活中咆哮的动物，通常情况下，只要你不扰乱它们的丛毛，它们就显得非常温和。但如果你扰乱了，你就要小心了。它们会咆哮、吼叫、厉声叫，甚至可能把你的头咬下来。既然愤怒和咆哮似乎是一种情感失控的状态，为什么它们是通过远离来控制的理由可能并不明显。答案是浅显的：如果你威胁我，我会变得充满敌意，然后我就会胁迫你并把你推开，我把你推得越远，就越感觉孤立。

在这点上我要声明：我谈的是不安全感驱动型的敌意，不是环境驱动型的。当你用锤子不小心砸到手指时，你生气这是合理的、健康的（环境驱动型）。当别人想伤害你时，你告诉他（她）你的感受，这也是健康的。与环境相称时，愤怒可以成为调动能量和信心的方式。但当愤怒与环境不相当时（虚幻），那么我们就是在跟不安全感打交道，这是不健康的。比如，在妻子的朋友面前反驳她，让她尴尬："我是没有升迁，但瞧瞧说话的这个人！你得到的唯一一次升迁是因为老板迷恋你！"天啊！

显然在上面的例子中，这个家伙陷入了极度的混乱，因为他这些充满敌意的言辞还不如他什么话也别说。但如果你是一头咆哮的动物，你通常的做法就是反射性地袭击和疏远。把别人推到一边使你感觉远离，至少暂时如此。当习惯了之后，这种"谁稀罕他们？"的态度会成为所有控制策略中最具破坏性、最危险的。

也许你已经发现自己的感情爆发会让自己尴尬，如果开车时，有人挡住你的去路，你会在车里像疯子一样尖叫，或者你在超市里对售货员不合情理地不耐烦。如果敌意或愤怒已经成为你生活中的固定状态，那么你必须懂得从情感上而言，在你被扔进狮子笼之前的几秒危急时刻中，你确实还有选择。如同所有不安全感的习惯，愤怒没有差异。喂养它，给它营养，然后它会成长。但怀着敌意，你就只有一扇狭窄的机会窗口来运用一些有效的自我训练方法。错过这一机会，就开始从愤怒的光滑的坡上滑下来，这就太晚了。愤怒会接管并把你放在它选择的一个地方。

这让我们明白非常重要的一点。无论是愤怒、敌意、焦虑、抑郁或恐慌，反射思维都对你的生活具有累积效应。虽然大多数问题是由起催化作用的苗头引起，有时这些苗头是觉察不到的。带着某些问题，特别是怀着敌意，你似乎会在一瞬间从光明走向黑暗。如果你是这种情况，就必须懂得控制生活会积累摩擦，会让你受到攻击，容易碰撞。

如果你发现很难识别灾难前的苗头,你就会运用自我训练的方法来应对每天出现的小冲突,以便在不安全感耗尽你的美好心情之前就扼杀它。因为一旦耗尽美好心情,你就只剩下一触即发的感情,这会时常让你处于崩溃之中。

留心

如果你注意到你更容易发火了,如果愤怒、咆哮、敌意或暴力已经开始破坏你的生活,或者如果你已经着迷于躲在壳里的生活,现在到了培养留心的态度的时候了。留心可能最好被描述为一种正在进行的有控制的明白你的动机和情感的行为。不是当一个旁观者被动地观看你显露出来的生活,留心把你置于生活的活跃中心。随着你继续学习和理解挣扎的本质(控制、习惯、不安全感),你会发现你能开始更集中注意力于你的生活中发生的事。你的生活不再是单纯的反射;现在你开始把健康与不健康分离开来,把事实与虚幻分离开来,你在创造自我训练五个步骤的所有先决条件,以便拥有你想要的生活。

我诊治过的许多人,他们对于愤怒的"自发的"或"瞬间的"特性感觉很困惑。那感觉就像你被愤怒、担忧或防御需要搞得眼花缭乱,但现在你知道你不能一直相信你的感觉,特别是当你的感觉被不安全感驱动时。一旦你习惯了将留心作为你改变过程中的一部分,你会时常发现你有灵光一现的思想。当你的体温升高时,事情的确迅速发生,但不要太快以至于你没有选择。始终都有选择,而你需要学会看见选择。

当你扣动手枪上的扳机,子弹便射出。同样,灵光一现的思想会点燃"斗"、"逃"或"原地不动"的应急反应。既然情感能迅速爆发(一旦陷入情感,要反转事物就不可能了),你要知道机会的窗户很小——你必须立刻采取行动。既然掌控的许多形式是由冲动的反应带来的,尤其是由愤怒和敌意造成,一种没头脑的冲动,拒绝顺从的冲动!通过培养留心的态度你可以开始回到正常生活的轨道。每个挑战——无论是对要求的拒绝、与丈夫的分歧、有人在路上挡住去路、或对危险威胁的隐隐担忧——都是你对不安全感说"不"的机会,要坚持"我有选择!"你所有的努力会产生累积效应。没有无关紧要的或小的战役;每次努力都会有效果。愤怒、咆哮和各种壳居生活都是习惯,如同其他所有的习惯。你还在等什么呢? 停止喂养它们!

自我训练思考

如果你允许,愤怒和咆哮的习惯就会占有你……

8 完美主义是痛苦的根源

业余爱好妨碍了你的工作，那没关系；但如果业余爱好让自己举步为艰，那……

——史蒂夫·马丁

11岁的时候，父母给我买了一个模型船。这船非同一般。我曾几个月驻步于小零售店外，希望这种三桅纵帆船在我生日那天还能买到。还真能买到！那个重大的日子来临了，只恨自己不能把礼物盒打开得更快。打开盒盖，凝视着里面的宝贝，我欣喜若狂。还从来没见过类似之物，那么庞大，从船头的桅杆到船尾远不止三英尺长。每一个部件如此精准，连舱板上的木纹都能看见。帆索花了不少功夫，配着带螺纹的滑轮，船上居然还有一个头扎印花手帕、身穿灯笼裤的水手。我吃惊得说不出话来。

我急切地开始造船了，从早上到晚上，几分钟变成了几小时。妈妈终于警告道："再不放下去睡觉的话，以后就不给你买了。"什么？她让我把船放下？不要玩了？让我停止造船我宁愿停止呼吸。她理解不了，也没法理解。实际上我也不能完全理解那天驱使我的那种冲动。我觉得我别无选择，只能把船模建造完毕。最初的欣狂变成了一种越来越强的强迫感。我着魔了。

在建造船的癫狂中，我隐隐想起说明书里的一个警告："待敷料干透后方能继续下一步。"可要等胶水干透，我睡觉前就完不了工！只有冒险将这条警告置于脑后了。毕竟已大有斩获，我必须在妈妈回到房间朝我叫喊前造完我的船模。

接下来就出问题了。主桅杆胶水没干，承不住帆索的重量，开始倾斜然后倒下了。很快,我疯狂地加胶水,然后再加更多的胶水。我必须要阻止桅杆之灾,可胶水不顶用。我尽力想稳住桅杆,焦虑不安随之变成了惊惶失措。线,以及一切可以充当支撑物的东西都用上了,都不见效。于是我从书架上抓了两本百科全书,把桅杆夹在中间。稳住了! 我救了自己的船。我开始呼吸了,如释重负。

即使是在 11 岁这样的年龄,我都清楚自己做得过火了。与命运较劲,差点招致惩罚。我知道也很感激自己躲过一劫,至少在面对事实之前我是这样想的。匆忙之中,不小心掉了一滴胶水在漂亮的仿木舱板上。我立刻用手指去擦,弄花了。又拼命擦,更花了。湿布、酒精、洗甲水都用上了,结果更糟。那滴胶水呈怪诞状,把我漂亮的船毁了容,船彻底没救了。

很长时间我麻木地呆坐着,凝固在绝望的序曲中。慢慢地,意识开始恢复了,我意识到船模被毁了。我想哭,想尖叫,更多的是想爆发。我感到紧张,让我受不了,我恨这个船模。我想把它往墙上摔,伤害它,就像它伤害我一样。"看嘛,让你等到早上再弄的!"妈妈的话一点用都没有。当然我知道她说得不错,可我当时别无选择啊。在那样一个时刻,船没了,没人能安慰得了我。

第二天,妈妈问我船模的事,她想知道我为什么不准备把它装完。我现在还记得,当时我面无表情地盯着她,"把它装完? 你在开玩笑吧! 毁都毁了!"她不理解,对我而言,船模已经死了。胶水留下的污斑像一把刀穿透了造船工程的心脏。它不再是令我欣狂的东西,不过是毁了容、乱七八糟、还有污斑的一堆塑料而已。

令我妈妈难以置信的是,我最终把船模给扔了。除此之外,我别无选择。

我是一个完美主义者吗?

诸多原因会使我的生活踌躇不前。而最具误导性的原因在于追求完美。也许你从不认为自己是一个顽固不化的完美主义者。并不是只有完美主义者才有完美主义思想,对此你可能会感到吃惊。有些人视卓越为通往幸福、安全的坦途,完美主义也不仅是这类人的专利。完美主义的习惯会以各种方式渗入你的生活,变成你的冲动,使你着魔,让你僵化刻板,而你却察觉不到。你要么怕说错话,说不出口"不"字,要么担心外套上的污渍引人注目,要么过于在意自己的体重而迫使自己再多跑上一英里,这些苛刻的生活方式都源自你的不安全感,其中之甚者是一种强烈的愿望,想消除生活中的不完美而让自己置身于批评、责难之外。

力求完美给你的生活平添了许多额外负担,尽管如此,你可能从未对自己追求完美的崇高目标提出过质疑。毕竟你的老板、老师、朋友都为你的努力及成功击节喝彩。难道不是吗?你几乎没遇到过什么麻烦,也没遭遇过受人指责的结局。既然如此,追求完美何错之有呢?只要它可以实现,只要它能为你所掌控,只要它不致毁了你的生活,就没有什么错。但不要让它使你产生偏见。让我们做个自我测试吧,结果可能会让你吃惊。

完美主义自我测试

请仔细阅读以下各题,凭你的第一感觉回答。在与你生活最相符或最不相符的答案上画圈。即使你不完全确定,也要回答每个问题。评分标准附在题后。

是　否　我的外表对我十分重要。

是　否　我过于挑剔。

是　否　我倾向于非对即错的观点。

是　否　我不能很好地面对身体不适。

是　否　我觉得自己有强迫症。

是　否　我的紧迫感多于松弛感。

是　否　我总觉得"应该"或"必须"做某事。

是　否　我通常觉得生活别无选择。

是　否　我常觉得紧张或焦虑。

是　否　我不太容易变通。

是　否　事情进展不顺利我会极其烦恼。

是　否　照镜子时,我常挑自己毛病。

是	否	我太胖(太瘦)。
是	否	我是一个自寻烦恼的人。
是	否	目标远比达到这些目标所经历的过程重要。
是	否	我一做好准备就会过分忧虑和紧张。
是	否	东西没放回原位我不能不管。
是	否	如果我想把一件事做好,我必须亲力亲为。
是	否	我极少有疏忽的时候。
是	否	我曾遭指责说我太整洁(或太狂热,或太执着)。
是	否	有人曾说我太刻板。
是	否	我似乎理性多于感性。
是	否	一件事做不到百分百就不做。
是	否	做任何一件事就必须认真做,或是一做就放不下。
是	否	做任何事都过度操劳。

1~8个"是"的答案代表轻度、正常范围的完美主义。你应将本书更多用于个性的拓展而非个性的修正。

9~17个"是"的答案代表中度的完美主义。你对自己强迫性的要求可能会削弱你成功、有效的生活能力。你有望通过本书,让自己的观点及对世界的体验产生巨大的变化,却不致危及自己的成功。

如果你"是"的答案有18个或更多,说明完美主义的要求已经侵蚀了你的自尊和自信。你需要调整自己的想法及认识,以便树立更充分的自信。可以相信,这样做将对你的生活乃至总体的幸福感产生重大而积极的影响。

少作尝试多去感受

让我们回到本章初始所提及的造船经历。我现在明白那不仅是建一个船模,而是塑造完美典范的一场圣战。我从未打定主意,至少从未有意识地想把船模造得完美无缺,那只不过是当时我对待生活的一种方式而已,是一种长期条件反射形成的习惯。追求完美的内驱力是一种着魔的状态,不是咒语或鬼怪所致,而是追求完美的反射思维造成的。我那天的着魔状态包括两个方面:造一个完美的船模,而且立刻就造! 可我急不可待的根源到底是什么呢?

要回答这个问题,你需要多了解一些我生活的情况。即便才 11 岁,我已经完全踏上了一条道路,它引导我成为一个具有掌控权的猎犬。不安全感早已让怀疑和担忧扎根于我的灵魂。于是我习惯反射性地、玩杂耍般地运用各种掌控策略,凡事都是"应该"、"必须"。作为独子,妈妈需要我成为她"完美的小男孩",对此需要我早已十分敏感。不想太深究我的个人历史,就说说我的感受吧,那就是:如果我做了任何让她伤心的事,她就会死的。早在我理解这话的含义之前,早已耳闻"你妈妈有风湿性心脏病,不能让她伤心。"在我尚且年幼的时候,这粒不安全感的种子就已播下。我觉得让妈妈活下去是自己的责任。我的任务似乎简单明了:不能让妈妈伤心,我必须完美。

再来谈谈我做船模的事。很明显,我当时想要完美、想拥有掌控权的想法超过了取悦和保护母亲的想法(如果你还记得的话,我当时想得更多的是让她心烦而不是去克制自己完成船模的强迫症状)。让妈妈活下去,这一开始对我是一条训令,可就在 11 岁这样的年纪,这条训令就已经变成了对生活的一种强迫症。它成了一种反射习惯。我不再想做到完美,可现在别无选择。必须要完美,我成了这种习惯反射生活方式的受害者。我那天做船模的经历是一个最佳缩影,反映出我已经成了怎样的一个人。有人会说:"哇! 乔,你的船模好棒……等一等,真糟糕,那团脏东西是什么呀?"一想起别人会这么说我就不知如何是好。船模还有我——乔·卢斯亚尼,是不能遭人指责的。为什么? 因为我已被那种反射性想法所控制。要不遭人指责,就要做到完美。

安全感的幻想

海伦·凯勒[①]曾说过:"大多情况下安全感是一种迷信,现实中是不存在的。"我努力地去建造一个完美的船模实际上是一种迷信、一个神话、一段想象,以为把船造得完美就可以得到安全感。安全感,就像想拥有掌控权一样,

---

① 海伦·凯勒(Helen Keller),美国盲聋女作家、教育家。幼时患病,两耳失聪,双目失明。(译者注)

是一种幻想。你永远不可能领悟到如何得到安全感，即使你觉得有了安全感，你也不可能永远拥有它。如果安全感还有其他存在方式的话，那就可以找到一种配方，教你消除恐惧、心理创伤和痛苦，甚至将死亡逐出生命了！安全感是一个相对概念。

前面章节曾提到过，没人成长于完美的世界，也没人拥有完美的父母，所以问题不是你安全或不安全，而是何种程度上你是安全的。我可以告诉你，在生活的现阶段，我是一个有相对安全感的人。如果把"相对"二字去掉，那我就是在撒谎。如果我告诉你，我有绝对的安全感，并且对此深信不疑，那等于我宣布拥有完美的生活。感谢上帝，我不再追逐这种神话了。我已经懂得，生活无需掌控，我也不必完美无缺，不必感觉安全。安全感并非源自掌控，而是源于信任。

那些追逐完美的日子已经逝去，我对待生活的方式是何以发生变化的呢？这是一个长期的演变过程，成为一名心理学家是一个促进因素。就像一个长期为家庭电脑升级的电脑技师，你会很清楚什么方法可以让电脑升级。自我训练是我"升级"的方法之一。我已经开始接受生活中偶尔出现的"污斑"。这没有什么错。我从污斑中学到很多，成为一个更好的人。从这种意义上讲，污斑是我成熟很重要的一部分。最重要的是，在看待生活时，我不仅只看到那团误滴的胶水，我看到了一幅更为广阔的图片。

自我训练思考

心理成熟可以定义为：从反射思维向勇敢生活不断前进。

世界上有完美无瑕的人，这是纯粹的、不折不扣的无稽之谈。说自己别无选择，说自己"缺乏与别人一样的优越条件，所以做事必须力求完美"，这些说法都同样荒谬。你相信与别人有异、自己别无选择，那你就被蒙蔽了。你可能觉得自己别无选择，但这是错觉。你有选择。你不过辗转、投降于这种错觉以及支持这种错觉的反射思维。你就像是被套上了颈链，被不安全感牵着鼻子走。

自我训练思考

完美主义不是要让人做到完美,而是要让人赶走不安全感。

明星:那些必须耀眼的人

有时候,这种别无选择的感觉可能会披上傲慢的外衣:"你不可能让我像这样就出门的。不可能! 我得保持自己的形象!"你把自己定位为明星,出于保护自己的习惯,你就会觉得让追星族们对自己失望是不可想象的事。

自我训练思考

完美主义是真正幸福及安宁的敌人。

每个人的生活都有很多缺陷、瑕疵、痘痘、污斑及错误。对一个明星而言,这些不仅仅是烦恼和挫败,而是灾难性的事件,会让生活混沌不堪。明星们会因为脸上长了一个青春痘,或是工作未得到老板的肯定而取消档期。他们会告诉你自己都觉得这样做很荒唐可笑,可他们还是会一意孤行。你是不是也这样? 不尽人意之处有没有损害你的生活、你的价值? 你是不是需要成为人们关注的中心、表演中的主角或老师的宠儿呢?

自我训练思考

生活真理一:没有完美无缺的人,也没有完美无缺的生活。

我不知道是不是真的,朋友告诉我,中国明朝那些制造精美瓷器的工匠们会有意在瓷器底敲去一小块,以避追求完美之嫌。真是聪明人啊! 他们知道完美是创造力的敌人。如果过于努力不想把事情搞糟,你的创造活力、你内心的平静、你的效率就会遭到抑制。

成功与失败的真正区别

作为一名心理学家,我想知道为什么做这些自己在做的事情,我努力地,却不乏理智地思考着这些问题的答案。我知道自己会犯错误,不可能总是命中靶心。这些年来,我已经改变了看待事物的方式,不再认为做不到完美就是自己有缺陷。只要目标和努力发自内心,我会把不完美看作挑战和学习的机会,而不是失败。如果能成为最好的,那当然好,可我不再认为自己必须是最好的。知道自己尽了最大努力,打好了该打的仗,这就足够了。

对我而言,失败意味着放弃。举个例子,我想弄清楚我的录像机为什么录不了电视节目,结果没弄明白。我不认为这是失败。谁知道呢? 也许明天我就知道答案了:要先把录像机上的时钟调好,计时器才会起作用。也就是说,我最初没弄清问题所在,那不是失败,是成功的序曲。生活中,决定成功的不是道路的倾斜度,也不是道路上的障碍,而是你的决心。

自我训练思考

我没有失败,只是找到了成千上万种行不通的方法。

——托马斯·爱迪生

要成长、发展、成熟,我需要有各种正面或负面的经历,这是真理,它让我摆脱了束缚。就像录像机的那个例子一样,我发现在经过一段时间尝试、受挫、不成功之后,我的脑子里会突然出现一种顿悟。这就是常有的"啊! 哈!"体验。缝纫机发明人伊莱亚斯·豪曾经好几个月为自己的想法挣扎着。据说他做了个梦,梦里他看见一个非洲部落的很多土著人站在他面前,每个人都拿着一根矛,矛头指地。他们开始有节奏地抬起、放下手中的矛。奇怪的是他们的矛头都是挖空了的。他醒来就有了灵感,把针眼放置在针头上,让线穿过布料而不是从后面将线拉出。

在这个顿悟出现之前,豪先生完全可以向几个月所遭受的挫折举手投降,宣布自己失败了。他没有失败,只是没有成功而已。我不知道你怎么想,但我早就懂得了没有成功比成功更具有启迪意思。失败的感觉更能引起你的关注。

命中靶心不是关键

生活中一切生物都会成长、成熟。这是一个自然的过程。而反射思维却阻滞了人类心理的成长、成熟。反射思维让你没法向前发展，只能原地打转，一次次企图将生活置于自己的掌控之中而不能自拔。在所有的掌控策略中，完美主义是目光最为短浅的做法。它让你看不见其他，只看见靶子上最狭小的中心部分——靶心。如果你只看见靶心，那靶上的其他部分就在你视野之外了。

偶尔的成功常会给完美主义者带来一种错误的安全感：成功了！我做到了！现在要做的就是去命中另一个靶心！然后是下一个，再下一个。追求完美的想法无论多么具有诱惑力，也不过让你终生想去掌控生活，成为失望、自我怨恨的奴隶。当然，只要你一直能精于命中靶心之道，你就会觉得自己处于世界之巅。但一次失手，一切就会坍塌。对完美主义者而言，成功的欣喜与失败的混沌只有一小步之遥。

眼下要做的就是投入生活，射出自己的箭。如果你碰巧命中目标，该高兴。如果射失了，学习并做出调整。要记住，你最终的成功不取决于你今天命中多少靶心，而取决于你从每次射击、每次尝试中学到了什么。这也正是"自我交谈"的用处所在。

镜子啊，墙上的镜子

兰迪是一个28岁的法学院学生，让我们来看看他的情况吧。他不是去健身房练健美，按他自己的话说是雕琢自己的身体。兰迪以前可以每天花几个小时在健身房锻炼，现在的日程已经让他筋疲力尽了。目前法学院的诸多要求让他越来越觉得不太可能抽出时间锻炼了。当你透过反射性、完美主义的思维方式，寻找真实的自我时，会出现典型的迷惘并觉得自己在生活中苦苦挣扎。兰迪的故事向我们展示的就是这样的状况。兰迪说：

我觉得自己在健身房所做的一切都是没用的,这似乎成了我没法摆脱的感觉。可上个月,我的体形达到了一生中最美的阶段! 我脱形了! 看看我现在,差不多长了 10 磅,胃的轮廓都没了……我觉得糟透了,受不了自己这个样子。我试着按你建议的自我训练法去做,我认为有了进展,但有时候我还觉得很迷惘。一部分自我会说:别骗自己了,看看自己吧,让人恶心!

我努力地告诉自己:我可以选择不去理会这个说法。但我刚对这个说法提出质疑,自己早上在镜子里的形象就会在脑海中闪现。这足以让我觉得在刀尖上行走。就如同有人猛击我的胃部,所有的想法都变成了巨痛。什么都感觉不到,只是一片漆黑。我摆脱不了自己镜前那恶心的形象。

幸运的是,我没有让这种感觉放任自流。我想到了:如果这种感觉是反射性思维产生的,那什么才是真实的情况呢? 这样说吧,我感觉失控了,是因为自己的体形不再完美。这并不是说我以前身材就是真正完美的,其实总是有需要修正的,只是现在太不完美。

现在回头看看,我意识到我本该进行"自我交谈",不让那些可笑的想法滋长。可我一直让自我怀疑的火焰愈燃愈烈。不错,现在我知道那些想法可笑,但过去有这些想法时却不这样认为。走出自己的不安全感,我会坦诚地告诉你:拥有完美的身材不会给我带来快乐。可要承认这一点为什么如此困难呢? 因为当身材真的很好时,我的自我感觉好得太多了,这极具欺骗性。我知道把良好的自我感觉建立于完美的身材上,是一种愚蠢的做法。我也知道这就是想拥有掌控权的思想,对此我真的很清醒……但出于某种原因,我总是把这些我该清楚、明白的道理抛于脑后。我猜想这就是所谓的习惯性吧。

以下是我所想到的:我需要告诉自己,如果保持体形真的很重要,那我就该去做。但我不必今天做,马上就做,要清楚这一点不那么容易。最重要的是,我不该接受这样愚蠢的想法,认为完美的身材是得到快乐的方法。体形不错,感觉当然好得多,这是人之常情。但对我而言,体形不仅与我的自我感觉好坏有关,它成了一种压力,让我别无选择,因为我觉得体形难看就会痛苦,不在健身房花钱就没法快乐,这让我觉得像是向放贷者付高利贷。

兰迪开始看到那幅更广阔的图片了。他最终能够明白问题不在于能否做到完美,而在于自己不能相信自己。完美不过是自我怀疑的挡箭牌,一旦兰迪开始明白这点,他就开始知道变通了:"等期末考试一完,我就抽时间去健身。我将冒险相信,等时机成熟,我会恢复体形。嘿!注意,我已经是个大男孩了,如果恢复体形真的能让我感觉好起来,我就该相信事情会是这样。而我需要先锻炼的是那块信任的肌肉。"

兰迪通向快乐、满足的道路与你的道路不会不同。无论掌控策略以何种习惯性的方式引导你的生活,你都应该挑战这些方式。记住,不安全感不过是一种习惯而已。不要通过努力消除自己的不足之处来增加和助长自我怀疑的思想。该开始懂得,在一个不完美的世界,努力做到完美肯定是一条使你通向痛苦的完美之道。

进食失调:对完美掌控的追求

反射性思维驱使兰迪去寻求完美,这种思维方式与造成进食失调的潜在机制是紧密相关的。兰迪担心,一旦开始失去掌控权,就会对自己不信任。他担心会迷失方向,最终变得肥胖不已,一切都完全失控。而在进食失调的状况下,出现的不是对自己的不信任,取而代之的是一种在情绪上对进食的严格控制。琳达是一个 14 岁的高一学生,我见到她时她瘦得出奇。她是个胆小的孩子,只想事情能更多处于自己的掌控之中。在与我的第一轮交谈中,她表达了自己的愿望:

> 吃东西对我来说太难了。我努力想吃,但发现不可能。昨天到今天我只喝了一杯桔子汁。我把这样的一天称为好日子。在这种好日子里,我感觉很好,觉得自己在掌控自己,自己做了件好事。这种感觉好极了,比我饥饿时的感觉要好。我希望你明白强壮对我很重要,但真正让我吃东西,我总是有负罪感,觉得自己又丑又笨重,更多地觉得自己是个失败者。我常常变得很沮丧和焦虑。我有时会有惊慌的感觉,但这种感觉都是出现在我真正注意自己所吃的东西时。
>
> 我好看吗? 不,我不这样认为。我当然愿意好看、健康、强壮,但更重要的是我想有掌控权。我承认有很多问题。我常常看自己,看

见的是脂肪。我的肚子往外突出了，我做仰卧起坐，我步行，想让突出的肚子消失，可就是不见效。别人都没看出我突出的肚子，我却看见了。我脑子里有一个自己瘦得完美的形象，这是最重要的。我可以足够瘦吗？我不知道，不愿就此多想。我只知道我不允许自己体重增加。

兰迪和琳达是两个因完美主义造成的扭曲和危险丧失了理解能力的年轻人。我知道很多书都是关于进食失调的，我不想吹嘘自己会讲什么其他的大道理，只是想特别指出进食失调背后的驱动力。缺乏自信就像一个运载工具，会带给你安全感的幻觉。而这个运载工具就是掌控思想，一种极强的掌控思想。安全感是一种你无法完全拥有的东西，如果你的良好感觉取决于计算自己的卡路里消耗量，那你注定会让自己不停地挣扎，不断地遭受折磨，而永远不会有好的感觉。

和兰迪一样，琳达很怕自己。害怕自己如果不能严格掌控饮食，将一发不可收拾。唯一的办法就是做到完美。这就像一张非优即劣的成绩单，让她产生了一种必须掌控生活的错觉。很明显，这与她的体重无关，这是一种强烈的愿望，想对难以驾驭的生活有种操控感。我现在还与琳达见面交谈。最近我们发现了她的一种习惯性倾向：把自己看作一个最终会输、会失败的人，一个无故受到生活羞辱的人。节食以致进食失调就成了她生活中感觉自信的领域。我的工作很直接：必须让琳达认识到，控制体重掩盖了她真正需要的东西——敢于冒险去信任自己。

我们没有直接对进食失调下手，没有把它作为问题的中心，而是着手打下基础，让琳达认识自己和生活的真实情况。我们用"自我交谈"来对抗反射性思维，而我们做得更多的是建立一种理解（理解事实和假想的区别），理解问题为什么不是出在饮食上，而是出在掌控思想上，而且是想完美地掌控。

琳达想更瘦；兰迪想减掉自己的肚子；而我在 11 岁时想造一个完美的船模。在我们对生活有真实的了解之前，我们都觉得自己别无选择。而现在，琳达和兰迪正走在对生活有更清醒认识的路上，而我已经早就放眼于船模的污斑之外了。最后想问一问，你怎么样了？

8

完美主义是痛苦的根源

自我训练思考

安全感不是你获得的东西；它是一个勇敢、自信去生活的永不间断的过程。

完美主义：无法达到的状态

我永远都不会忘记在夫妻心理咨询中第一次遇到山姆和戴安的情景。要说山姆的服饰无可挑剔都太保守了。他50岁上下，身穿昂贵的西服，带链扣的衬衣袖口上绣有自己名字的首字母；领带打成完美、结实的温莎节；戴着一眼就能看出很贵的假发；鞋像面镜子一样反光。这明显是一个在细节上花时间的人。而戴安却正好相反，她外表随意休闲，整个衣着搭配没有山姆那么协调，也不会特别留意被风吹乱的头发。

在不为山姆所知的情况下，戴安拍了一些他们卧室的照片，向我展示她丈夫的"真正性格"。她想让我看看她丈夫堆成山的东西和凌乱的家庭生活。直到山姆情绪完全失控，戴安才把照片拿出来。山姆不仅不想让戴安把照片拿给我看，我确信他会采取任何必要的手段来阻止此事，任何事都做得出来。他起身站在我和戴安之间，红着脸怒视着我们，命令我们把照片交出来。他最终把照片从戴安那里拿走。山姆大声说道："早知道你想设计这样一次见面来诋毁我，我是不会同意来的。我在车里等你。"就这样，山姆走出了办公室，我没能和他说上一句话。

完美主义有两种形式。第一种可以从山姆身上看到，那是一种想让世界看到自己完美形象和最完美人格的需要。第二种可以从我船模的经历看到，这种形式更多的是一种内心想掌控事物的需要或强迫冲动。你老是去想邻居会怎么看待你家草坪上的杂草，或你总是有莫名其妙的冲动要把衣柜里的袜子排列得像士兵队列一样，无论你受任何一种情况的驱使，结果都是一样：过着受奴役的一生。不论你这样做是出于外界的、社会的还是自身的原因，你有时就会感觉生活在地狱里。

在但丁①的代表诗作《神曲》中，有一个地方是完美主义者地狱之门的另一面。在那里，备受折磨的灵魂们永无休止地追逐着一面不可能够到的旗帜，身后有大黄蜂跟着不停地螫咬着他们。这些灵魂想死都无望，但丁把他们所处状态描述为一种"无法达到的状态"——想得到永远都不可能得到的东西。

当你追求一种完美主义的生活时，你就将自己锁在了这样一种"无法达到的状态"之中。不过螫咬你的不是大黄蜂，而是凡事"应该"和"必须"。你觉得自己可以做到完美并紧紧抓住完美不放，那你就还处于自己编造的谎言中，这样做是错误的。要让自己从中解放出来，你首先要认识到，你努力想达到的完美是不值得的。完美不是你所理解的那样魅力四射；它不过是你为克服不安全感而误入歧途。说到现在，你应该清醒了，你不该再有借口了。现在要做的就是进行"自我交谈"和"自我改造"。

---

① 但丁(1265—1321)：意大利著名诗人。（译者注）

9　以诚相待, 即使是对自己

说谎之人的记忆力应该是不错的。

——马库斯·费边·昆体良①

小时候,每件事该怎么做似乎都很清楚。要你做什么你就做什么,你从不顶嘴,要你星期天去教堂你就去。那时候,你如果有任何疑问,你只需打开你那本小小的蓝色的巴尔的摩教义问答,就可以得到你想要的所有指导和帮助。在天主教对我的道德培养中,有一个观点吸引着我,那就是认为有不同程度的"坏"。我现在还能想起的有两种罪,一种是可恕之罪,另一种是道德之罪。可恕之罪是小过失,惩罚的办法就是去一次涤罪所。道德之罪就不一样了。犯道德之罪会让你置身于地狱冥河的另一边。

在天主教的熏陶中成长不仅使我懂得了好与坏之分,而且懂得了这种区别有多大。这在我小时候以及青春期显得极其重要,即使到了现在,它仍然不失为一个好的观念。我想用这个观念来解释的不是"罪",而是另一种掌控手段,那就是我们常称之为"谎言"的欺骗。和罪一样,谎言从白到黑有不同的深浅之分。理解谎言有不同程度之分可以让世界变得完全不一样,它可以让你摆脱不安全感,取而代之以一种勇敢的态度,去面对自己真正是什么样的人——面对事实,真正的事实,纯粹的事实。

---

① 马库斯·费边·昆体良(35—95):罗马修辞学家,他的主要著作《雄辩术原理》讨论了演说家的全面教育及职业。

挽救你的灵魂

我还记得反叛的 60 年代有一句口号:为了和平不择手段,哪怕发动战争。你如何达到自己的目标对很多人来说并不重要,但对你来说却是一件要紧事。那些把欺骗作为获得掌控权的人愿意在心理上出卖灵魂,以换取掌控权。一旦这种情况发生了,他们生活中的不安全感就不过是借口而已。他们是冒牌货、假冒品、骗子,他们觉得为获得掌控权可以不惜一切代价,甚至不惜败坏自己的声誉。他们这样做并非出于恶意,而是出于一种不安全感。欺骗和所有的掌控策略一样,有各种不同的形式。你可能已经发现自己陷入源源不断的小谎中,通过这些谎言来找借口,冒充别人,进行欺骗,甚至进行操纵欺诈。如果欺骗已经成了你的一种习惯,那这一章节可以挽救你的灵魂。

欺骗作为一种掌控策略有很多不同的表现形式,下面的自我测试题可以帮你判断欺骗是否成了你掌控招数中的一个重要部分。

“欺骗”自我测试

请仔细阅读以下各题,凭你的第一感觉回答。把与你生活最相符或最不相符的答案画圈。即使你不完全确定,也要回答每个问题。评分标准附在题后。

是　否　　我不让别人对我施加影响。

是　否　　我通常容易被说服。

是　否　　我常把别人看作自己的对手。

是　否　　我常能为自己的行为找到正当的理由。

是　否　　让我承认做错了是件难事。

是　否　　受到威胁时我变得精明,能找到办法应付。

是　否　　与人争吵时,我不可能妥协。

是　否　　思考比感觉更重要。

是　否　　遭责难时,我通常能逆转局面。

是　否　　我认为人不可能总是很安全。

是　否　　只要能逃脱处罚,说谎对我来说不成问题。

是　否　　根据不同情况我很容易就发生转变,我都不太清楚自己到底是谁了。

是　否　　我往往凡事回答"是"。

是　否　　我常觉得与其他人没联系。

是　否　　我常觉得自己像舞台上的演员。

是　否　　为了在争论中取胜,我会捏造事实。

是　否　　我做事不常一时冲动。

0~4 个"是"的答案代表轻度正常范围的欺骗倾向。你应将该章更多用于个性的拓展而非个性的修正。

5~9 个"是"的答案代表中度的欺骗性。你的欺骗行为可能正削弱了你成功、有效的生活能力。你有望通过本章,让自己的观点及对世界的体验产生巨大的变化。

如果你"是"的答案有 10 个或更多,说明操纵欺诈的习惯已经侵蚀了你对自己的正确认识。你需要迎接的第一个挑战是调整自己的想法及认识,接下来应该学着冒险,把自己的信心建立在自己真实的一面上。可以相信,你从中所获将对你的生活乃至总体的幸福感产生重大而积极的影响。

白色谎言、灰色谎言、黑色谎言:连续体上的三个部分

简单地说,说谎就是任意地用编造的东西代替事实。你会发现,不是所有的谎言都有问题。实际上有些谎话可以说是有益的。你关注的应该是那类由不安全感驱使的谎言,这类谎言可以根据其对你精神平衡造成的损害程度加以表述。下面的连续体图标示出了本章要重点讲述的三种主要类型的谎言。

白色谎言	灰色谎言	黑色谎言
取悦者	失信者	行骗者

白色谎言者：取悦者

谎言有很多形式。可能最常见的是我们熟悉的白色谎言。白色谎言不过是社会润滑剂而已。你同事会问你："你觉得我的发型怎么样?"你礼貌地回答："哇,很好,这发型特适合你。"你如果真正诚实的话,你就该说："你这个小可怜! 你的头发让你看起来像弗兰肯斯泰因①的新娘。"你把自己的行为称为处事圆滑或对人友善也好,说成是慷慨大度或说点小谎也罢,结果都没什么不同,都是将自己真实的感受过滤掉,不愿伤害对方而造成与别人的冲突。这样做不一定就是件坏事。实际上,如果每个人都说实话,不说别的,只说实话,还会让我打冷颤,不知道这个世界会变成什么样子。

白色谎言可用来减少社会冲突,这可能没什么可大惊小怪的,也无伤大雅。但它也会成为长期的、具有毁坏性掌控习惯的一部分。它会出现在你缺乏足够的自尊或自豪感时,这时你没法让自己说实话,而且让你任何时候都没法说实话。表达出自己的真实想法,就像表达前面的章节中提到过的一些情感一样,会使自己暴露于外部世界,处于易受攻击的状态。对一些受不安全感折磨的人来说,这种易受攻击的状态是难以忍受的。当说谎成了一种你想掌控事物的习惯时,你就会用编造的东西(谎言)来代替真实的东西(事实)。这显然是想让自己避开别人审视的目光,当你认为仔细审视会让别人发现你一无是处,是一个可怕的人形空壳时,你尤其会以谎言来代替事实。

我们可以看出,由不安全感所驱使的白色谎言不是真正想通过操纵事实去帮助或避免伤害别人,而是想去控制你说谎的对象:"如果我给你所要的,让你不生气、不恼怒于我,我就可以控制你。"具体来说,白色谎言最常见的形式

---

① 弗兰肯斯泰因是英国女作家玛丽·沃斯通克拉夫特·雪莱(Mary Wollstonecraft Shelley,1797—1851)所著小说的主人公,是一个生理学家,他用部分死尸器官造了一个怪物,但结果自己被怪物所毁。

就是不会说"不"字。我把这类人称为"取悦者",他们觉得别无选择,觉得自己要有掌控权,就必须去取悦别人。可到底谁被控制了呢?你当然可以答应凌晨四点送别人去机场,让他们高兴、觉得你太好了,可整夜睡不着觉的是你自己。

说白色谎言意味着你想说"不",可为了取悦别人而说了"是"。这样做的好处是什么?白色谎言真的是个值得关注的问题吗?答案可能会让你吃惊,因为做习惯性的取悦者是一种掌控形式,具有破坏性,它会损坏你生活的质量。卡尔的故事应该能让你相信:说谎的生活根本不叫生活。卡尔是一名34岁的理疗师。他是一个敏感的、必须取悦别人的人。

我猜想我最大的问题在于不会说"不",直到最近我才认识到这点。我总是快快乐乐的,受人欢迎,大家都把我当朋友。过去一年,生活给我一种受挫感,越来越强的受挫感。我想是那件事伤了喜欢我的人。去年夏天,我的好朋友彼得问我想不想一起进行一次航行。他不停地讲述着他听说过的单身汉航行,以及这种航行是如何令人难以置信。

彼得的确是个不错的人,这也不是一个太糟糕的想法,只是我和他是太不一样的两类人。他从来不知道,我和他在一起往往就会变得像他一样:我会喝更多的酒,变得喜欢讽刺挖苦,我甚至发现自己表现得粗鲁傲慢,这完全不是我的性格。我为什么这样做呢?这个问题问得好。我想是因为如果不这样彼得就会看不起我。我想这就是原因所在,但我不敢肯定。

不管怎么说,和彼得一起航行是我最不想做的事。我没时间,没兴趣,也没那笔钱。我打电话告诉他我的决定,可嘴里却说的是:"我不敢肯定航行是否适合我……"彼得把我所说的一切置于一旁,对我说:"别傻了,肯定棒极了!相信我,你一定得去。"没等我醒过神来,我觉得自己已经被说服了。说"是",表示答应就是要简单得多。嘴上容易,心里却觉得掉进了陷阱。我在做什么呀?

我挂上电话,怒火中烧。我气得脸发红,没法控制自己。我想再给他打电话,逆转刚才发生的一切。我告诉自己,冷静下来,明天早上再打电话。第二天我给彼得打电话,逐条讲了我没法去航行的一系列原因。彼得逐条进行了反驳,不知不觉中,我又逐条投降了。挂上电话,我被打败了。现在别无选择,剩下要做的就是去打点行李准备出航。

记得航行的第一天晚上我在想,可能我错了,也许做事该给自己多点机会。我和彼得准备参加第一晚在船上夜总会举办的联欢舞会。那晚,走进狭小的俱乐部就像走进了恶梦一样。大概有30个男的,3个女的,广告中大肆吹捧的"单身汉豪华旅行"不过如此。就在那一刻,我仿佛觉得墙上写着:"我和彼得还要在一起整整待六天,成天喝酒。"到了第四天,我想把彼得从船上推到海里。第四天晚上,我们遇上了汹涌的海浪,接下来的几天我都不舒服,我是说真的晕船了。只能待在船舱里,与无聊和自责为伴,靠达姆明牌晕船药镇定自己。

航行是六个月以前的事了。那次航行的一个好处在于它让我睁开了自己的眼睛。从那以后,我认识到自己在生活中一直做着自己不想做的事。最近发生了些事,真让我很不安。实际上,这就是我觉得该做心理咨询的原因。我和另外一名理疗师一起工作,她叫海伦,她有点好强,可能还不止一点点好强。她有点像彼得,这样说吧,她习惯于按自己的方式行事。我不能说是怕她,但确实让她牵着鼻子走。她总是告诉我该做什么、怎么做,我总是笑着点头,而我的思想停在空中,想把她的脑袋拧下来。说起来有点尴尬,我一直在一些顾客面前说她坏话。我知道这样做不对,但就是想报复她。

不知怎么的,大概一个月前,我发现自己开始害怕上班了。我醒来会觉得头晕无力。紧张和焦虑不断增加,在开车上班的路上尤其如此。最近我老是打电话请病假,简直不知道上班该怎么办了。一到周末我就正常了。其他事都做得到,唯独上班做不到。在我理性地去看待所发生的事情时,我觉得没道理。海伦不过是个快50、瘦小的妇女,看在上帝的份上,就是个祖母而已。简直就想不通,她怎么就能把我拴成一个一个的疙瘩。

无需太多的训导就可以让卡尔相信自己受够了。他烦透了自己、自己的生活和痛苦。我开始给他指出,他取悦于人的做法是想通过欺骗来掌控事物。他的不安全感告诉他:说实话太危险了,这是他觉得自己必须控制局面的原因所在。如果违背彼得的意愿,对彼得说"不",我问卡尔认为会发生什么事情。卡尔答道:"彼得不会理解。他会觉得厌烦,他会骂我。"我问卡尔:"他厌烦是什么大不了的事吗? 他骂你又能怎样呢?"卡尔皱眉头说:"我不知道。我就觉得不能让这样的事情发生,所以就那么做了。"瞧! 这就是没有理性的思考,不过是膝跳反射般的反射思维。卡尔需要认识到这个事实:他的习惯使他盲目地认为自己无法应付与别人的冲突与不和。

卡尔把他这种习惯的起源追溯到自己的童年。作为一个智力发展较晚的孩子,卡尔常觉得不如别人,常遭同学欺负:"我现在都常记得我那时总是去取悦别人。我每天都会带糖给同学。我会惹麻烦来引起同学的注意。他们穿成什么样我就穿成什么样;他们吃什么我就吃什么。无论做什么,我都想得到他们的认可。"我指出:"知道这些习惯始于何时、何地是很有启发作用的。但现在你已经不再是一个需要引起同学注意的小男孩了。你是成年人了,却还像一个软弱无能的小孩一样做事!"

"看看你对海伦的反应,"我对卡尔建议道,"你没有以一种成熟的方式去面对她,你是怎么做的呢? 你选择的是一条完全不成熟的、消极对抗的道路,去暗中诋毁她。你用这种简单的、孩童般的反应去帮你逃避责任。由于你缺少自信,你永远都学不会去直接、诚实地应对别人。结果怎样呢? 那种不安全感导致的童年习惯最终使你对海伦愤怒,你不是因为她所做的事而生气,而是因为自己无法勇敢地去对抗她。你做不到诚实,所以你努力通过玷污她的名誉来消灭摧毁她。很明显,我们现在谈论的不是成熟的行为。"

卡尔那段已成习惯的历史,是唯一阻止他更成熟生活的东西。他需要消灭他那种反射性思维,开始生活在现在而不是过去。他需要抵抗那种思维方式造成的不真实想法:认为自己和别人不一样,比别人低一等。在智力上这对卡尔不难理解,可是情感上他仍然觉得比别人低一等。我为卡尔制订了自我训练计划,他都等不及想开始此计划了。

只用了一期心理咨询,我们就行动起来了。就好像一盏灯在卡尔的心中亮起。他愉快地说:"说对了! 就是它。我完全明白自己在做什么了。我就是生活在一种习惯里。"最初他进步很快,能把反射思维与健康思维区分开来了。没多久他就开始想找一个机会让自己猛跨出一大步:冒险去诚实一回。

这个机会很快就来了。那天晚上,彼得打电话约他出去。卡尔盼望晚上能轻松悠闲地在家看影碟,于是打断彼得:"谢谢,我今晚不去了。我们下次再约吧。"彼得不太习惯遭拒绝,一再坚持。卡尔用我们早些时候谈话中得到的勇气说道:"不了彼得,谢谢。我赶时间。"喀哒! 挂上了电话。他做到了! 他说了"不"。猜猜怎么样了? 世界没有完结。实际上,卡尔感觉很好,像充了电似的。

卡尔开始感觉更有自信了,他继续抵抗任何、各种反射思维的冲动,不去毫无必要地对其他人表示默许。把卡尔反射思维归结为孩提时代的不安全感,对他很有帮助。让他想象自己把脚在地上滑来滑去,像个 10 岁的孩子一样,这对他很有帮助,可以让他觉得有必要做事更得力、更加成熟。随着一些有价值的经验的积累,卡尔开始认识到,诚实的冒险经历并没有像他以前所想的那么困难和不自然。卡尔惊奇地发现,带着同情、诚实、成熟注视别人的目光,然后坦率说"不",是件多么容易的事。"我不敢相信,说'不'真的没那么难。我想破冰的第一步是最困难的,但此后就变得容易了。这是我想告诉你的实话。"卡尔最终让低人一等的感觉成为历史,把它留在了它应该待的地方。

灰色谎言者:失信者

白色谎言不过是一种社会润滑剂。讲完白色谎言,沿着我们的连续体往下走,我们会看到另一类型的谎言——灰色谎言。我们最好把它描述为一种社会摩擦剂,这是失信者们的领地。失信者会许诺你一个世界,结果这个世界根本不存在,只不过是空头支票:"我知道我答应过你把工作完成。再多给我一星期时间。我保证就一个星期。"失信者不光是取悦于人，还要进行欺骗。这就是为什么失信者都是些狡猾的人，他们利用谎言来消除任何甚至所有的不利因素。失信者太让人信服了，以至于他们最终都会相信自己的谎言。

如果你碰巧与一个失信者结为伴侣，就会很清楚自己有多沮丧。南希是一位30多岁的家庭主妇，已经当妈妈了。她觉得自己的头快要爆炸了。

> 和迈克生活逼得我开始酗酒。我觉得自己总是受欺骗。如果我想在客厅铺一张地毯，迈克会毫不犹豫地答应和我一起去买。我们买地毯了吗？当然没有。无论我想说什么、想做什么，他都能找到最出色的借口，告诉我"现在不行"的理由。要让他在任何事情上妥协似乎都是不可能的。结果他让我筋疲力尽。我不知道他是如何做到的。也许我该妥协，也许他使我怀疑自己的感觉。他总是设法逃避任何他不想做的事，对此我不高兴。

> 从我们结婚开始起，迈克就许诺要带一家人去迪斯尼乐园。我很有耐心，现在我们也有钱去那儿了。突然间，迈克告诉我，去迪斯尼乐园不是个好主意。他听说了一些关于恐怖主义威胁的事，认为那儿不安全。相信我，绝对不是这个原因。我无意中听到他和他兄弟谈论要在泽西岛海滩上租房子住几个星期。当然，我没有让他知道我听到了他们的谈话，我坚持说想去迪斯尼乐园。迈克说他会考虑的。

> 几个星期过去了，迈克似乎都在向我说明世界局势正变得多么可怕、他有多少同事都不打算离家远行。尽管我知道他这么做的目的是什么，我还是不知不觉地开始认为他所说的是有道理的。也许我愚蠢顽固了，没考虑到危险问题。我努力不妥协，但最终我土崩瓦解。他让我相信，如果去迪斯尼的话，我会失魂落魄如惊弓之鸟。

> 有趣的是，如果出于某种原因迈克改变主意想飞往迪斯尼了，我知道他能够让我相信自己的担心害怕都是没有根据的。我们就会在去迪斯尼的路上了。迈克就是有办法让我顺着他的方向走。他也许得到了他想要的，可为什么总是激起我的希望，然后又让我失望呢？

我希望能有一次机会发号施令。

正如你所看到的,失信者是狡猾的操控者。迈克或许打了胜仗,能够决定这个夏天一家人去哪里度假。但他也可能在破坏自己的婚姻。如果你发现自己在努力通过说谎、取悦于人、空头许诺的办法去控制别人,现在该你看看自己是否遭到不安全感的控制了! 问一问自己:"我能更变通些吗? 我能做到正常的妥协互让吗? 我能分清事实和虚构吗?"或者问自己以下问题,看看自己是不是更糟:"我是不是把虚构当成事实? 我是不是觉得自己的观点总是占上风,或者觉得自己的观点必须占上风? 在紧要关头,为了保持掌控地位,我是不是什么话都说得出来?"

黑色谎言者:行骗者

连续体上与白色谎言相对的另一端是黑色谎言。说到黑色谎言,我们就已经跨出了社会润滑剂和社会磨擦剂的范围,进入了社会伤害的领域。黑色谎言常是有害的、恶意的,而且常常是故意的。黑色谎言中最常见的例子就是行骗。行骗者旨在蒙蔽你的双眼来欺骗、陷害或控制你。这类人有说服力、狡诈、精明,善用迂回战术。他们会看着你的眼睛说只在乎你的幸福,而在廉价的外表背后,隐藏着诡计多端、欺骗性的冷漠。

行骗行为可能容易被人忽视,在有精妙言辞掩盖的情况下更是如此。你要问一问自己:"我是不是往往通过窜改事实来取胜?"如果是,那你需要快速地核对一下事实;如果你不这样做,你就会处于丧失道德方向的危险之中。一旦这种情况发生,你对自己、对生活的感觉都会变得很糟糕。

35岁的药品销售员罗斯玛丽遇到件不幸的事。她为一个狡诈、简直可鄙的行骗者买了单。

我是在上个月的单身周末聚会上遇到斯坦利的,一下子我们就走得很近了。整个周末,我们的视线都没法从对方身上移开,一直手拉着手。度完周末回来,斯坦利一天给我打两三个电话,告诉我他为我而疯狂,我就是他一生要寻找的人。我才从一段三年的恋情中走

9

以诚相待,即使是对自己

出来,容易受他的话的影响和感动。他给我送花、送卡片、发电子邮件,我发晕了。

第二个星期五晚上我们出去吃晚饭,浪漫极了。斯坦利让我不要对他所说的话生气,他说自己是一个很冲动、有很强直觉的人,他知道自己对我的感觉绝不仅是被我吸引。他说他爱上我了。他说的话和他说话的方式一样疯狂,听得我起鸡皮疙瘩。当然,这不可能是真的,这才是我们第一次正式约会。不过听着这些话我很愉快。怎么可能不高兴呢?斯坦利人长得帅,又浪漫又迷人,这些都是我上一段恋情所没有的。我被融化了。

那晚在回家的路上,斯坦利谈论着未来,我们的未来。你能相信吗?他在谈论我们有一天会订婚,然后住在一起。他说得充满活力,让人信服。我邀请他进家喝一杯,我通常不会这样做的,但就是不想失去这样一个夜晚。我们喝了几杯酒,然后度过一个激情之夜。

那是一个月前的星期五!从那以后,斯坦利就再没音讯了。他不回我的电话和电子邮件。我有一种强烈的被人利用、欺骗的感觉。他怎么能这样对我?

这种事情对行骗者来说不难做到。对一个行骗者而言,要操控某一局面时,是不择手段的。当事实被忽视或窜改时,就不再有障碍了。还记得那个小时候听过的蚂蚁和蚂蚱的故事吗?故事是这样的:从前有一只蚂蚁在夏天烈日下辛勤地工作,修建蚁巢,准备过冬的食物。而诡计多端的蚂蚱认为蚂蚁是个傻瓜,取笑蚂蚁,蚂蚱跳着玩着就度过了夏天。冬天到了,蚂蚁住得暖暖的,吃得饱饱的。而蚂蚱没地方住也没东西吃,在寒冷中死去。

这则故事的寓意没有哪个孩子不懂:种瓜得瓜,种豆得豆。而对行骗者而言,问题的哪个方面他们都找得到理由,凡事到了他们那里会很容易颠倒,白变成黑、黑变成白。凭什么蚂蚁就能吃饱住暖,而不幸的蚂蚱就该挨饿受冻?从斯坦利的角度来看,他凭什么就不能引诱罗斯玛丽?如果斯坦利是个行骗者的话,他很可能把这件事当作一场游戏,自己牌出得好,就赢了这场游戏。

偶尔为达目的不择手段,这是不是听起来很可怕?答案很响亮,"是的!"

这种恶毒的欺骗终将让你情感破产,道德沦丧,没有回头路。这是仅为卑鄙者保留的不堪一击的防御手段。为自己利益而牺牲别人,如果这是你唯一关心的,那你还希望得到什么好结果呢?

自我训练力量练习

做以下练习,看你能不能把自己身上存在的白色谎言(取悦者)、灰色谎言(失信者)、黑色谎言(行骗者)分辨出来。下面有六种情况,每种情况你选择一个或多个答案,你所选择的答案应该是对你处理该情况的最佳描述。你会发现,各种欺骗策略间会有相互重叠之处。这个练习将帮助你增强对欺骗的识别和认识。

1.有一个你不是特别喜欢的人邀请你出去吃饭。下面哪一个是你可能作出的回答?

1)"今天晚上不行,下个星期一定打电话和我联系好吗?"她一定是疯了,认为我会真的想和她出去。

2)"好的,我一定到。"受不了她,但又有什么呢,不过几小时而已。

3)"对不起。我没法出去吃晚饭。我头痛得厉害,很难受。可既然邀请我,你不介意在回家的路上给我带点吃的,顺便给我拿过来吧?"我头不痛,这有什么呢? 至少现在可以回家看电视,也不用担心晚饭了。

2.你要升职了,但你怕同事莎莉先于你升职。假设你在和你的老板谈话,下面哪句话可能会是你要说的?

1)"莎莉工作干得不错,只可惜她对公司不是很满意。"嗨,我有权发表自己的看法,哪怕是不正确的。

2)"我有没有跟您提过我今年就要修完我的大学学位了?"他永远都不会知道我根本没读大学。

3)"有什么其他事我可以帮您做的吗? 我这个周末没事,我很愿意过来。"嗨,不论付出什么代价我都要得到这次升职机会。只希望他不要真的让我周末帮忙。

3.你遇到了女儿学校的一位家长,你想给别人留一个好印象。想象一下,下面哪个会是你做出的反应？

1)"我吗？我是个作家。几个出版商都对我最近的作品表示感兴趣。"没错，我是想当一名作家。把自己抬高一点有什么坏处呢？

2)"如果你或你女儿需要我开车送你们去学校，你就跟我说。能想象得出你有多忙。要我帮忙你就告诉我。"我相信这些话一定给自己留了一个好印象。

3)"如果你或你女儿需要我开车送你们去学校，你就跟我说。"啊，好像我是提供计程车服务的！

4. 因为超速，警察让你停靠在路边。你会做出怎样的回应？

1)"对不起警官。让我停车，你完全正确。我知道这是你们必须做的，不容易啊，我尊敬你们。"白痴！求你，求你了，不要给我开罚单！

2)"对不起警官，我妈妈住院了，我最近一直心烦意乱的。"实际上我心烦意乱是因为我没法按时赶回家看我最喜欢的电视节目。

3)"请原谅我，警官。这次原谅我，我保证下次再也不会了。我不是说着玩的，我是当真的。给我一次机会好吗？"我还能怎么办？只要不罚我，我愿意给他说好话，贿赂他一下。

5. 你的伴侣发现你一直在骗他（她）。下面哪个是你对你反应的最好描述？

1)"你应该相信我。我保证再不会发生类似事情了。"哈，我答应的是将来会做得更谨慎。

2)"不像你想的那样！我只是在帮别人渡过难关。"哈！就这么说！

3)"你知道我爱你！这事我绝对没当真。你知道我喜欢喝酒。我只不过喝太多了，我保证类似事情不会再发生。我明天晚上就去参加戒酒班。"也许明天晚上我不会去。但有天我会去的。也许吧。

6. 你时间很紧，有一份报告要交，老板打电话想知道报告进展如何了。你会怎样来应对这个紧急状况？

1)"要我做什么，你说句话。如果有必要，我可以一晚上都留在这里。"她真是可笑，可我还能有什么别的选择呢？

2)"再给我一星期。我保证把报告完成,星期一放在你桌子上。我知道你上个星期就跟我说了,这次我一定说到做到。"是的,我可能会说到做到。

3)"我最近身体一直很不舒服:我想是胆囊的问题。我明天已经约了去看医生。能把交报告的期限延一下吗?"很有说服力;现在只希望她不要向我要医生证明。

1.1)——失信者;取悦者

  2)——取悦者

  3)——行骗者

2.1)——行骗者

  2)——行骗者

  3)——取悦者;失信者

3.1)——行骗者

  2)——取悦者

  3)——取悦者;失信者

4.1)——取悦者;行骗者

  2)——取悦者;行骗者

  3)——取悦者;失信者

5.1)——失信者;行骗者

  2)——行骗者;

  3)——行骗者;失信者

6.1)——取悦者

  2)——失信者

  3)——行骗者

▼
▼
▼
▼

10　相信自己才能改变生活

我从来不是一个闲着没事坐着观察草如何生长的人。我总在忙碌,去某个地方,做某件事情。年轻的时候,很自然的、充满活力的性情会与不安全感相伴而行。那时,旺盛的精力、冲动的天性被吞噬了,变成了想掌控生活的欲望,变成了生活中的担心、焦虑和挫折。与这些相伴的是一系列棘手的工作,以及是否重返校园继续学习的犹豫。我发现心理学研究很吸引我,它能起到一石二鸟的效果:一方面可以在心理学领域从事一份受人尊重的职业,同时还可以弄明白怎样才能让自己更好地感受生活。我也不能肯定这两个原因哪个是我真正的原动力,我怀疑是后者。如果有通往成功、幸福生活的秘诀,我准备去找到它。

像很多人一样,为了追求金钱、地位、掌控权,以及其他一些眼光短浅的目标,我浪费了很多时间,结果得到的不过是一种怀疑的态度和越来越强烈的失落感。幸福只是幻影吗?多年的学习、训练和个人从业经验有了回报,我从中学到两样重要的东西:幸福和成功不是幻影,而是有秘诀的。不完全是秘诀,更是一种认识:成功和幸福的生活取决于个人自我信任的能力。这个秘诀就是自信。

自信测试

下列问题旨在帮助你认识破坏信任感的不同途径。请仔细阅读以下各题,凭你的第一感觉回答。把与你生活最相符或最不相符的答案画圈。即使你不完全确定,也要回答每个问题。评分标准附在题后

是 否 我通常不信任自己的决定。

是 否 我一般不敢冒险。

是 否 我担心我对别人说的话不被接受。

是 否 我太谨小慎微。

是 否 我预期事情会不顺利。

是 否 我通常不相信自己的感觉。

是 否 我很难发生转变。

是 否 我不相信命运。

是 否 我担心自己的健康。

是 否 我不信任自己的冲动。

是 否 我通常不相信别人。

是 否 我不能很好应对挑战。

是 否 我总是需要事情在自己掌控之下。

是 否 我害怕坐飞机(乘电梯、过桥等)。

是 否 我通常不相信别人跟我说的话。

是 否 我怀疑别人的动机。

是 否 我再怎么都觉得不够安全。

是 否 与人交往,我往往心怀妒忌。

是 否 我更多时候是个思想家而不是个实干家。

这些问题是为了帮助你了解生活中缺乏信任感的各种表现形式。任何程度的不信任感都是不好的,但如果你"是"的答案是7个或更少,表明你有令人满意的生活质量。自我训练可以教你加深信任意识,从而更自然地生活,更好地去享受生活。

8～13个"是"的答案,说明你的信任能力已经大大局限了你的生活质量。你可以完全相信,自我训练可以让你的总体幸福感产生巨大的变化。

14个或更多"是"的答案,说明你的生活质量已经完全受制于不安全感和不信任感。自我训练能让你的生活质量有巨大改观。

自我训练思考

成功的生活建立在自信基础之上。

什么是自信？简单说，自信就是自愿地去相信自己。自愿相信自己意味着一定程度的冒险，明白这点是关键所在。要做到信任，你就必须冒信任所带来的危险。你最大的障碍是不安全感和反射性思维——它们会说你疯了，因为你不再苦恼，不再戴假面具，不再想操控生活；它们会坚持认为你该去掌控生活，不然生活会像你所知的那样崩溃。这些危言耸听之辞一定会把人吓倒。这就是为什么你需要一个自我训练的计划，让它来教你，使你有动力去彻底地拒绝不安全感，去自愿地相信自己。

有了足够的自信，你全部的自我就能向前发展。这里所说的全部的自我不是狭隘的自我意识（意识流式的想法）。一些人耍手腕操控生活，而且不能自拔，这种狭隘的自我意识是这类人所特有的。我花费了多年的时间，经过反复尝试才教会了自己如何自信，但我现在可以把自己的所学总结为简单、直接的自我训练计划，将它教给你。一旦你理解了长期养成的习惯已经吞噬了你想要的生活，并用这样的理解来武装自己，本节将为你提供必要的工具，利用这些工具你就能够抛弃自我怀疑、不安全感和掌控思想，获得自我信任。

我的性情中有易焦虑的倾向。我曾感觉这种倾向好像一根拉紧的套索，而自我信任教我把这种焦虑倾向理解为一种催化剂，这种催化剂能带来更加自然的生活，让生活充满能量、激情和趣味。生活中你感觉到某种局限性或挫折，认为它是消极负面的。你有这样的想法仅仅是因为你被不安全感笼罩，充满恐惧和犹豫。我可以向你展示如何将这些消极负面的东西转变为积极正面的，而做到这一点，你只需多一点理解、多做一些自我训练。怎么会做不到呢？毕竟你的不安全感是后天获得的，你可以通过后天努力让它消失。

自我训练力量练习

我给你建议一个很简单的练习方法，它能让你避开反射思维的毒害。首先你想象一个人,这个人可以是真实的,也可以是虚构的。但这个人必须是一个自信的人,他对待生活从不犹豫、怀疑。你头脑中的这个人称为你的信任受托人。如果你愿意的话,你可以选择任何一个你了解或崇拜的人,他是信任和信心的代言人。唯一的条件是,你所选择的这个信任受托人要有与你不同的自我人格特征。

受到不安全感的限制,你会觉得创造一个强有力的信任受托人是个挑战,但不要放弃。创造一个信任受托人比你想象的要重要。你在头脑里想象这样一个信任受托人就说明你已经在开启自己自信的潜能了,因为你对信任受托人的想象是不可能凭空产生的。因此,从现在起,每当你倒退到不自信和怀疑中时,你要养成习惯问自己这样一个问题:"我的信任受托人会怎样处理这样的情况?"你从信任受托人的角度来思考,就可以摆脱自己特有的反射思维的影响,不受个人感情的左右,从而获得不带个人感情色彩,而且常常是出乎预料的结果。这个训练成功的关键在于:不要问自己会怎样解决困难,而要问自己的信任受托人会怎样解决这个困难。

一步步走向枯竭

有自信、自然的生活方式,有工作狂式的生活方式,也有充满强迫感的生活方式。为什么前者比后两者更有效呢? 这是前几天艾琳问我的问题。艾琳是接受我咨询的一个 39 岁妇女。她精神有点错乱,长期有受挫感,这使她对生活的唯一感受就是充满强迫感,一片混乱。这一步步将她推进坟墓。你将看到,艾琳在生活中的挣扎是很具代表性的,可以作为一个很好的例子来帮助你进一步理解用自信来逆转自己的生活是多么重要。这在你觉得感情不断走向枯竭时尤为重要。

无法找到工作,看到朋友成功、结婚、建立家庭。这一切在艾琳的内心深处产生了一种令她心烦意乱的惊慌。"我本应该继续在学校读书的,但不可能了。我现在没学位,没实际技能,没有方向,没有工作,我的头发都灰白了。医生,你能理解吗? 我没法让事情自然地发展,我担不起这后果啊,我已经没时间了!"

艾琳长期焦虑不安是由于不能相信自己、相信生活,没有什么事足以让她满意。即使事情很不错,她始终还是会挑毛病,觉得不够完美,或是对事情表示怀疑,相信事情并非如此,是自己在欺骗自己。读大学的时候,她高中的朋友们赚了钱,开漂亮的车,到国外旅游。看到这些,艾琳不想落后,于是辍学开始工作。可几年挫折之后,她发现那些留在学校继续读书的朋友毕业了,当了医生或律师。工作中的狼狈和惊恐让她又回到学校重头开始。可事实上,艾琳做什么并不重要,问题是她总把自己置于成功的对立面,结果产生了这山望着那山高的效果。

没有自信,你就会像艾琳一样,只能求助于一样东西——努力想要掌控生活,而不能自然、无约束地生活。正如你所了解的,掌控的习惯和反射性思维最多能让你产生一种短暂的安全感幻觉。更糟糕的是,你用于掌控生活的精神力量消耗了你天生的自我信任能力:你越努力掌控生活,你信任自己的能力就消耗越大。艾琳来接受治疗,就是因为她自我信任的油箱已近枯竭,这是她会如此绝望的原因。

缺乏信任是不正常的

艾琳是一个想得太多的人。她过于努力地去领悟生活,而不是实实在在地去生活。每一个想法,每一次决定对她来说都太重要了。"如果犯错误怎么办?""如果我改变主意怎么办?"这些该死的"如果"! 不安全感和不信任感已经模糊了艾琳做事的偏好和直觉。一没留意,她就把自己装进了掌控生活的压力锅。反射性思维让她的生活塞满了"如果……怎么办"的问题,而且让她在与别人不断的攀比中贬低自己:"我今天看见这个女的开了一辆大奔……她穿的裘皮可能值 1 000 美元。我连件合身的衣服都没有,别说车了。我不禁想起她郊外的房子、她的丈夫、她的孩子……我觉得很不安。"

艾琳的生活变得模糊不清了,只有混乱的想法、恐惧和遗憾。她走火入魔的想法没完没了,她挥霍浪费,自然的天性已经荡然无存。压力越大,艾琳就越疯狂,越疯狂,她就越不知所措。她的焦虑和不断加深的沮丧完全掩盖了她自然的性情和勇气。没有自信,没有任何自然的东西——没有任何本该令人满意的东西——能够生根发芽。在艾琳的生活中，没有一样东西是足以令她满意的。

很久以前艾琳的自信能力就已丧失殆尽，这是她最大的问题。轻度的学习能力障碍，以及随之而产生的无能感，让艾琳很小的时候就觉得自己不如别人。她处理信息的方式与常人有异，使得她不能快速、连贯地表达自己的思想。她努力想表达，恐惧害怕的感觉就会出来折磨她。以下是她告诉我的：

每次我张嘴，都不知道会说出什么来。有时候我找不到合适的词；有时这种语言表达障碍让我感到可怕的压力。我尽量不想把事情搞砸，我想这是我陷入困境的原因。我没有去努力学习，而只是努力想办法不让自己尴尬。很早的时候我就是班上的小丑，是校长办公室的常客。小朋友似乎都喜欢我，可其他事情很糟糕。老师告诉父母说我很聪明，就是懒惰。那时候，我认为他们说我聪明只是为了激励我，我是不会上当的，我了解自己的真实情况。真实的情况是我太不聪明了——该死！我连正常的思考都做不到！

艾琳对自己的怀疑侵蚀了她的自信心，这个效果随着年龄的增长而放大。这就是为什么她觉得没有什么事情可以令她满意。比方说，她没法凭自己的喜好或冲动去做事，因为她刚要这么做，就会有15个理由争相出现，说服她去做其他更有利可图的事。于是就不难发现，一个没有安全感的人就像蝴蝶一样，从人生的一次经历飞到另一次经历，妄想找到完美的答案。

自我训练思考

杀掉佛祖的时刻。

佛教禅宗派有一谚语是这样说的："如果你在路上遇到如来佛祖，那就把他杀了。"如果缺乏自信让你从一个失望步入另一个失望，你就该仔细思考一下刚才这句谚语。在佛教思想里，佛祖代表的是一种开悟状态，即一个人体验欲望和苦难且达到涅槃的幸福状态,这种状态是你在内心发掘的。注意！直立行走的佛祖不会来自你的内心之外。所以,如果你某天走在路上,碰巧遇到佛祖,他一定是假佛祖(虚假的事实)。杀掉这个佛祖意味着消灭了错误的、为不安全感所驱使的外部追求。这听起来有点暴力,但你别忘了,虚假的事实也正在扼杀你的生命。

艾琳和我一开始做了一些非常简单的自我训练练习。我想让艾琳变得更勇敢,向自信跳出简单的几步,我让她自己决定在餐馆里吃什么,想看哪部电影。我告诫她:"你可以坚持必须要事先了解所有情况,然后再点菜吃饭;你也可以凭自己的偏好点菜吃饭。后者可能没有前者那么完美,却能让你学更多的东西。你强迫自己不要犯错误,这种强迫感正在扼杀你。你变得缺乏信任感,怀疑一切。这种怀疑一切的思想在侵蚀你的生活,让你深陷于混沌和绝望之中。"

自我训练力量练习

和艾琳一样,你需要向自信跳出简单的几步。你应该明白,你信任能力的丧失折射出来的不过是你多年的疏忽大意。多年来,你没有信任自发、天生的本能和直觉,你让自己充满不安全感,受其摆布。你没有把信心放在属于它的地方——你的心中,你把掌控生活作为解决问题的答案。从此你就一直让反射思维操控你的生活。结果是:你自信的肌肉已经萎缩,它需要一点恢复性锻炼。

要开始锻炼肌肉,我们需要一些简单、安全的挑战性问题,是需要你做出选择的问题,比如:穿什么颜色的套装,什么时候回别人电话,看哪个电视节目,等等。一旦这些问题摆在你面前,我希望你能勇敢一点,(记住:你所面对的都不是重大后果的选择。但目前暂时不要用此来训练对一些重大事情做出抉择。)让自己凭自己心里的第一冲动做出选择。不要多想,直接做出选择！让自己习惯松开刹车,然后看会发生什么。

一开始,凭自发的冲动做事可能让你觉得十分草率。没关系,你值得冒冒险。你记住:你这种草率的感觉只是相对于你受约束、习惯的生活方式而言的。最终你会发现,凭自发的感觉生活会让你感到极其愉悦。这个练习的精髓在于:帮你摆脱反射思维对你的严格束缚,让你能对事物做出自发的反应。

这个训练的目的不是让你做事不经过大脑,只是让你相信,除了掌控思想外,生活还有很多其他内容。要找到平衡,要让信心回到你的生活,你必须放飞自己的个性。

真实与谎言

艾琳非常努力地去改变与其他人不停攀比的做法,非常努力地去克服长期的不信任感。她认识到了自己与人攀比、缺乏信任感的本质在于一种反射习惯。她最终发现,她不自信的唯一原因在于不敢冒险去相信自己,这其中害怕起到了决定性的作用。内心深处,艾琳确信自己比别人低一等,但又觉得必须弄虚作假,以免别人把她看作一个失败者。这种不安全感就导致了谎言的产生。编造的谎言让艾琳自己给自己加上沉重的包袱,让自己注定比别人低一等。

个人编造的谎言不可能长久地与事实抗衡,有人提出质疑时谎言更是不堪一击。(本书的下一部分,你将学到"自我交谈"的有效技能。任何谎言,无论具有多大的抵抗力,无论多么持久,你都可以运用这种技能对其提出挑战。)艾琳在自我训练中表现出坚忍不拔的毅力。她不断进步,渐渐可以做出一些更重大的决定,可以冒一些更大的险了。最终,她要冒最后一个险了:坚持认为自己"能行"。这才是艾琳最终该认识到的真实情况,这种认识在冒了最后一个险后才可能得到。有了这种认识,艾琳的生活从此就会腾飞。

艾琳发现自己一直都喜欢户外活动。她曾放弃了在国家公园工作的机会,因为她认为这份工作达不到她衡量成功的经济标准,或者说这份工作不能让她像麦迪逊大街①的从业人员一样衣着考究。她从来不允许自己工作梦想的标准那么低,因为自己有太多的不足需要弥补。艾琳知道自己的梦想是什么,可太着急,还没等实现就很快踩刹车,去做别的事。她说,"我必须做得比上份工作更成功。"她必须更成功,因为她给自己编织的幻梦永远不可能让她有片刻休息;她比别人差,这是她的秘密,她必须让这个秘密永不为人知。不安全感,而不是艾琳自己,把生活之船直接驶向了一面砖墙。

---

①麦迪逊大街(Madison Avenue):位于美国纽约,是美国广告业中心。(译者注)

自我训练让艾琳认识到,在与生活的碰撞当中,自己不该是一个旁观者。有了充足的自信,她可以掌握方向盘,把生活驶向自己向往的地方。艾琳转变的重大意义何在呢?这个意义正如罗伯特·弗罗斯特①诗中写到的"另辟蹊径","一切焕然一新"。艾琳重返大学,这次她选择了林学,这次她变得冷静、自信。现在她要努力工作才能支付学费,但她比一生中的任何时候都更开心更满足。我最近收到一张艾琳的明信片,得知她在黄石国家公园工作。她信中写道:"我曾经害怕快乐,因为我怕快乐过后自己会有失落感。而现在,我不这么想了。

自我训练思考

你不戒掉不安全感所养成的习惯,这些习惯就会一生与你相伴

一旦你懂得把不安全感所养成的习惯戒除,让自信显露出来,你就会开始发现生活变得如此不费力气,你的担心、徘徊、恐惧、犹豫很快就减退了。

自我训练思考

不要推卸责任——为自己的成功承担起责任

棒球运动员的成功不在于一两次击球的水平,而在于击球的平均累积水平。与此相同,你的命运也不是一次经历就能决定的。决定你最终生活状况的是你所有经历的累积,以及你对这些经历的理解。要牢记:认识自我、相信自我是乘风破浪,轻松成功的唯一途径。这取决于你,而不是其他任何人。

自我训练思考

人生体验 + 自我信任 = 成功

人生体验 + 不安全感 = 挣扎

----

① 罗伯特·弗罗斯特(1874—1963):美国诗人。他的看似简单的作品常以新英格兰农村为背景,探究人与人以及人与自然之间的关系。他的全集包括《少年意志》(1913 年)和《林间空地》(1962 年)。(译者注)

第 3 部分

"自我交谈"的五个步骤

"自我交谈"五步骤

第2部分的目的在于构建一个基础,让你理解、意识到自己为什么在生活中苦苦挣扎。你既然清楚了不安全感、掌控欲望、缺乏自信、反射思维会给你的生活带来什么效果,你就可以通过五个步骤的自我训练计划来改变自己。五个简单、实际但必不可少的步骤,可以给你带来更有意义的生活,而且是你梦寐以求的生活。

你将学到的这五个步骤包含了一个有效的技能,我把这种技能称为"自我交谈"。"自我交谈"是在我的前一本书中首次谈到的,你在这里将学到的"自我交谈"与其前身已经没有太多相似之处了。过去几年的重大修改,让"自我交谈"有了更多的发展,它已变成了一种更加有效的技能。实际上,"自我交谈"是一种途径,让你学会成为自己思维的积极参与者,而不是消极地被反射思维牵着鼻子走。"自我交谈"让你坐上驾驶席,由你自己来决定自己的思想往哪个方向走——是为自己思考还是让自己感觉不安全。有了这种驾驭能力,你就可以开始创造一个自己想要的生活。

11 步骤一：看清自己的缺点

我有一辆旧的运动款车,它有个毛病就是每次下雨天左转弯,它就熄火,让我头痛。直行或右转弯却都没问题。对此我和修车师傅都只能挠头,想不通问题出在哪里。我没打算买新车,就只好想办法尽量对付下雨天的烦恼了。一下雨,我就尽量避免左转。实在没办法必须左转时,我会转得极慢,慢得跟没动似的,这让我后面的司机恼怒不堪。一段时间之后,我能做到不让它熄火了。我渐渐觉得有希望克服车子的这个毛病了。

最后我找到了一个师傅,他帮我解开了这个谜。左边车轮的轮辋槽上有一个裂缝,每次下雨天左转弯,水就会溅到轮胎上进入裂缝,裂缝中一根裸露的金属丝沾上水就造成短路。我提到我的车是想告诉你,在你做出必要的调整变化之前,对自己的缺点有个预期是有重大意义的,这可以让你不至于像车子一样熄火或遇到某些麻烦。"自我交谈"的第一步,将让你学会评价那些已经使你生活短路的掌控习惯。认识到这些习惯的存在,是你摆脱反射思维、迈上自己梦想生活的第一步。

"自我交谈"的第一个步骤是以诊断为目的的。我来对此进行一下解释。对我的车而言,一旦修车师傅找到了问题所在,转弯之谜就此解开。而你,一旦对自己的掌控习惯有了正确的诊断,你就有了"自我交谈"的基础,可以通过"自我交谈"解决、消除任何困境。而做到这一点,你必须首先对自己的缺点有一个正确的认识。

解谜

想象自己坐在上千块拼图板前面,该从哪下手好呢? 你可能已经看了盒子上面你要拼的图是一个小海港;图上有一些渔船,一个码头,一些小屋;你会注意到图的另一边是一艘鲜红色的划艇。对了,这就是你向拼图之谜发出攻击的突破点。你在杂乱的拼图板中仔细寻找,直到你找到那片红色的小块,然后你一块一块地接着往下找。

对待接受我治疗的人,我也采取类似的办法。不同的是,我首先要找的不是那艘鲜红的划艇,我找的是能表现治疗者掌控思想迹象的语句。如果你学会了寻找掌控思想的不同表现形式,并把它当作理解自己困境的重点,不为其所困惑,你就踏上了解开生活之谜的道路。这是"自我交谈"的第一个步骤要帮你实现的。

接受我咨询的人常常很惊讶,觉得我很容易就能解释一些困扰他们多年的问题。可一旦我教他们看清自己掌控思想的倾向,他们就像找到那块红色拼图板一样,发现要理解那些问题是多么简单。当然,刚开始戒除自己的掌控习惯,你会遇到很多困难和挫折,因为所有的习惯都是难以改变的。但我保证,一旦你深刻认识到你以前是如何容忍自己受欺骗的,你现在就不会再对其视而不见。你就会清楚,要摆脱反射思维和不安全感的纠缠,自己该做些什么。眼下你要做的就是明确自己的掌控倾向是什么,这是你创造自己梦想生活的第一步。

认清掌控倾向

掌控策略各不相同,可以是表达倔强或否定的语句,比如说,"不,我不去";也可能是惊得呆若木鸡时紧张而无力的语句。形式多样,无穷无尽,在此只能列举一些典型的表达方式,藉此帮助你对自己特有的掌控习惯进行评价。以下列出的是掌控习惯最常见的表达方式。注意哪种你是常用的:

是,但

"是,我是没把工作做完,但我也没法不让自己生病啊。"这个"是,但"策略通过一开始就假装责备自己来逃避责任。"是,我是拿了你的钱,"你承认这个事实,但你接下来找到借口来使自己做的事合理化,"但我没有偷,只是借而已。"如果你因此躲开了对方的指责,那事情就完全处于你的掌控之中。

必须

"我必须是最好的。"或"我必须说谎;跟她说实话,她永远没法接受。"这些"必须"都是强迫性策略,目的是帮你自己控制生活或其他人。一旦你确信自己必须做某事,你就不会再有任何顾虑,就会不择手段了。

担心或"如果……会怎么样"

"如果我失败了会怎么样?"或者"如果我说'不'会怎么样?""担心"是你想在事情发生之前就知道结果,它是一种消除顾虑的办法。没人能预测未来,可你还是不停地告诉自己,只要能预测到将来会发生什么,你就可以做好更充分的准备。

不能

"我不能应付那份工作。"或者"我不能让自己放松。"当你说"我不能……"时你在投降,因为你想让事情处于你的掌控之中。一旦你得出的结论是"你不能",你就找到借口,可以不去努力,不必遭受失败。你不遭受失败,事情当然就在你的掌控之中了。

内疚

"我必须去,不去她会发疯的。""内疚"是一种强烈的情感,让你不能违抗某事或某人。你尽量避免做错事的感觉。如果内疚感逼迫你做了别人希望你做的事,你就避免了与人的冲突,从而觉得事情都在你的掌控之中。另一种情况就是,你违背了某个人的意愿,内疚感会让你后悔,让你极度痛苦,你就会采取行动让事情回到你的掌控之中,"对不起,我再也不会那样对你了。"

非黑即白的思想

非黑即白的思想是一种"全有或绝无"的想法,认为不可能存在任何中间可能性。如果你让自己相信,事情只有黑或白两种可能性,你就成功,什么都不用再说了,你将事情置于你的掌控之中了。

犹豫

"也许我该给她打电话。但我怎么知道她还生不生气呢?""犹豫"起到了刹车的作用,让你推迟、躲避或免遭你预感到的危险。你放慢速度,不过于匆忙,以达到掌控局面的目的。在你看来,行动迟缓总比犯错误安全。

应该

"应该做某事"和"必须做某事"一样,两者都是你企图掌控生活时采取的强迫策略。而前者与内疚感及社会对你的期待值有更紧密的关系。

辱骂

"我真是个白痴!"将自己置于一个可鄙的地位,可以避免与人发生冲突。但你真的认为一个白痴能应对生活吗?

不在乎

"我不在乎是不是惹她不高兴了。""不在乎"是一种排外的态度。如果冷漠无情让自己与世隔绝,哪怕事情变得很糟糕,你也会觉得自己在掌控一切。

敌意

"在我看来,你可以直接下地狱了。""敌意"可以排斥对方。拒人于千里之外,你与他人间就会有种疏远感,这种疏远感让你觉得一切在你的掌控之中。

说谎

既然说谎可以让你掌控别人,干嘛要对自己的谎言负责。如果事实不合你意,你就可以通过说谎来创造另一个事实。

操纵

人是具有可塑性的,你可以扭曲别人,让他们屈从于你的意志。要做到这点,你可以采用很多有效的工具,比如,说点小白谎,施加点压力,或许还可以假装歇斯底里。如果这些能让你操纵别人,你就掌控了他们,掌控了局面。

一贯夸大困难:把鼹鼠丘看成大山

"一贯夸大困难"是为一切作最坏的打算的做法。如果某件灾难性的事件发生前,你预料到了,你就不会毫无准备。对事情"一贯夸大困难"是为了让自己凡事都有所准备。如果世界末日即将来临,你能预先知道,那当然再好不过了,你可以为此做好准备。

宿命论思想/毁灭与忧郁

"一贯夸大困难"的思想至少让你努力去做准备,使自己免遭不幸。而宿命论的思想让你已经得出结论:事情已经到了最糟的地步。于是你举手投降,无还手之力,束手就擒。不用再挣扎反抗,你当然就觉得事情尽在掌控。

根据以上所提到的内容,你可以列出一张自己惯常使用的掌控策略表。这张表可以让你看到自己就像杂技演员同时耍几个球一样,在生活中变换着使用各种不同的掌控策略。比方说,有时你会施展魅力来进行操控;有时你会使用敌意和进攻;有时你又会采取回避和疏远的方式。所有这些掌控策略都为了逃避你的生活,因为你的不安全感已经让你相信这种生活是你没法应对的。如果你还能记得本书前面所谈到的,你就会发现,为了避免自己不愿看到的局面出现,你会耍弄一切招术,而这些招术最终只会让你苦苦挣扎、变得筋疲力尽。

形象思维

我妻子的一位幼儿园老师很早就让我明白了形象思维的重要性。现在,每次与人交谈我都会使用许多比喻、典故和手势。尝试形象思维可以帮助你理解你想理解的东西。因此,我要求你运用下面的练习,采用形象化的方式,找到自己的掌控习惯。你会惊奇地发现,把问题想清楚的一个更好的办法,是把它们写在纸上而不是只在脑子里想。

1. 在一张白纸上画上一些圆圈,这些圆圈代表杂耍时用的球。根据前面所提到的最常见的掌控策略,在每个圆圈里写上一个你曾使用过的掌控策略,看你一共用了多少个圆圈来识别。用圆圈大小来区分哪些是常用的,哪些是不太常用的。(大的表示常用的,小的是不太常用的。)

2.随着自我训练计划的不断进展,根据你所得到的新见解以及你生活发生的变化,对圆圈作相应地增减。

图示你的反射思维

在你的形象表达方式不断增加的同时,我想帮你勾勒一幅你的掌控习惯图,图中会附有你作出掌控努力的强度。下面的连续体图的一端代表成熟、健康的思维方式,另一端代表充满不安全感的反射思维。根据你症状程度的不同,你会发现有些想法靠近健康思维方式,有些想法靠近反射思维方式。

拿出你刚才列出的那张自己惯常使用的掌控策略表,根据后面所描述的评分标准来判断自己的掌控习惯受反射思维影响的程度,程度的深浅用连续体图中的刻度来表示。记住,这个连续体图只表示你直觉上的一种近似,你不用担心一定要做到精确。这种形象化方式的目的在于让你对自己的反射思维方式有一个评估。以图表的方式来看清自己做事的倾向,是一种有效的工具,它能帮你在自我训练时保持头脑清醒。

在前面的一个练习中,你需要画一些大圆圈来表示自己主要的掌控习惯,画一些小圆圈来表示次要的掌控习惯。你可以使用下面的连续体图来帮你决定该画大圆圈还是小圆圈。

掌控习惯/反射思维

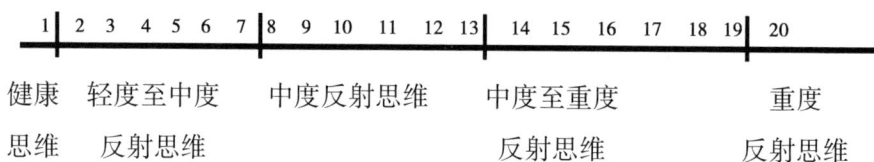

1	2 3 4 5 6 7	8 9 10 11 12 13	14 15 16 17 18 19	20
健康 思维	轻度至中度 反射思维	中度反射思维	中度至重度 反射思维	重度 反射思维

反射思维/重度伤害(20分):造成这一伤害程度的症状或习惯使你完全没有能力去应对生活中的要求。

该级别的典型症状包括严重抑郁,极度焦虑和慌恐,自杀倾向,滥用药品,工作和社交能力丧失,慢性身体疾病,需要入院治疗。

掌控习惯/中度至重度伤害(14～19分):造成这一伤害程度的症状或习惯给你的生活带来了极大的局限性。

该级别的典型症状包括长期自我怀疑,抑郁和焦虑,强迫症状,妄想,经常性滥用药品和酗酒,经常失败,总体能力丧失,长期极度焦虑,长期憔悴、精神萎靡,身体疾病,工作能力丧失。

掌控习惯/中度伤害(8～13分):造成这一伤害程度的症状或习惯还能应付,但需要加以监控。

该级别的典型症状包括阵发性抑郁、焦虑或惊恐,社交问题和社交恐惧症,偶尔滥用药品和酗酒,长期不安,总体工作/事业不满意,心神不宁,严格完美主义,乏力,头痛,生活受挫感和情绪激动。

掌控习惯/轻度至中度伤害(2～7分):造成这一伤害程度的症状或习惯主要是一些功能性问题。

该级别的典型症状包括社交犹豫,不安,轻度强迫症和轻度完美主义,轻度生活不满,工作受挫感,自我、生活、人际关系不悦,懒惰。

(注意:连续体图中"健康思维"右边的情况都属于不同程度的反射思维)

补充说明

用分五个步骤的"自我交谈"计划进行自我训练一两个星期之后,我建议重新用图标示自己的反射思维倾向。你应该可以看见自己朝着健康思维有了一些重大的变化。自我训练的最终目的是要消除所有的习惯反射性掌控思维!

个性类型

我想让你回到3～5章和7～10章,看一看你自我测试的分数。用这些分数和你得出的任何建设性结论,你可以得出一张图表显示你掌控习惯的类型(参见随后附上的例子)。这张图表以及你在本章中对自己的形象化定位,可以帮助你了解是哪些典型的掌控习惯将你绊倒。在你的生活短路之前,对此有所预期、有所了解的重要意义何在呢? 想象自己在开车,意识到自己的掌控习惯和反射思维,你就是在睁着眼睛开车;而没有该意识,你就是在闭着眼睛开车。你自己来判断哪个更合理。

掌控习惯类型图表实例

姓名:简·多伊

日期:2004 年 6 月 27 日

1. 主要个性倾向(参考 3 ~ 5 章和 7 ~ 10 章的自我测试):

1)中度不安全感(第 3 章自我测试分数 16 分)

2)重度焦虑者(第 4 章自我测试分数 16 分)

3)轻度掌控症状(第 5 章自我测试分数 9 分)

4)中度疏远他人(第 7 章自我测试分数 10 分)

5)中度强迫性完美主义者(第 8 章自我测试分数 15 分)

6)正常欺骗倾向(第 9 章自我测试分数 3 分)

7)轻度信任能力有限(第 10 章自我测试分数 8 分)

2. 掌控习惯

1)爱说"如果……会怎么样"

2)认为凡事"非黑即白"

3)凡事持怀疑态度

4)认为凡事都"应该"做

5)认为凡事都"必须"做

3. 反射思维

所有倾向都在轻度伤害范围内(4 ~ 7 的分值范围表明焦虑;轻度强迫症状和完美主义;轻度生活不满意;工作受挫感;自我、生活、人际关系不悦;懒惰。)

4. 个人小结

我最大的问题是焦虑不安。凡事都让我焦虑不安。这使我的工作遇到了问题,尤其在我的工作表现上。我太过努力想把事情做得完美,不犯错误。每天下来我都筋疲力尽,但就是睡不着。早上起床觉得没休息好,恐惧、不安、忧郁。夫妻关系淡漠让我担心、压抑。我正变成一个神经紧张的病人!

简·多伊现在可以看着自己这张图表，开始理解生活陷入困境的原因。她的个性倾向说明她是一个有中度不安全感的人，造成她掌控习惯的主要机制是焦虑。她只有中度的反射性思维，说明她有足够的能力去认识并挑战自己习惯性的焦虑以及自己的掌控习惯。（但是，如果简有中度至重度反射思维，她的反击能力就相当有限了。果真如此的话，她就需要更多地依赖于"自我交谈"下面的步骤，以便更好地拓展自己的能力，消除反射性思维方式。）

简中度的完美主义倾向可能是她总体工作压力的主要原因。她反复的焦虑，对自己工作表现的担心，造成她入睡困难、睡眠不足。简应该认真想想生活中自己认为"应该"做或"必须"做的事；这些事情反映了她强迫自己去掌控事情，避免把事情搞糟。她的不安全感给她带来了压力，让她觉得不能再有任何问题出现了，于是她就开始运用那些掌控策略，希望能产生如期的效果。

她中度疏远他人的症状可以解释她对丈夫的冷漠（这是一种保护自己免遭别人拒绝的做法）。她非黑即白的想法，说明了为什么她不愿意去改进人际关系，因为人际关系在她看来不是好就是坏，没有中间可能性。根据她这种看法：如果我的人际关系差，又何必再为它费事呢？疏远他人的倾向不只是表现在人际关系上，还可能表现在其他方面（工作上，对生活的总体态度上，等等），因此，简有必要去弄清楚。

从对简的图表分析中可以看出，这种分析不是一种严格的计算。你只不过用这些数据来形象地向自己展示掌控习惯和反射思维是如何破坏你生活的。请记住，这里没有什么对或错的问题！让自己轻松地做出评判。如果你偶尔对自己的评判太过大胆或太过保守，不用担心。随着时间的推移，你对自己的评判会达到最佳效果。

要使你的评判结果最佳化，你应该定期更新你的图表，重新做那些自测题，对自己重新进行评估。当你让自己的反射思维变得饥渴时，说明你已经在挑战自己生活中的掌控习惯了，你也就会注意到自己的分数和对自己的评判在发生变化。

12 步骤二:分清事实和假想

我的瑜伽老师坡尼酷兰·雷曼南山是一个很睿智的人。一天大家准备打坐冥想的时候,一名初学者问道:"我冥思的时候,脑子会疯狂地想各种事情。怎样才能什么都不想呢?"雷曼想了一下,说道:"你的思想就像猴子一样容易喋喋不休,容易发狂。你必须学会驯服你的猴子。"

如果你决定改变自己的生活,你就必须驯服你的猴子,尤其是那些让猴子喋喋不休、惊声尖叫的消极思想、怀疑思想和不安全感的思想。每当你想掌控生活时,你让你的不安全感在你脑子里喋喋不休。这些疯猴子般的思想会穿上不同的外衣,以不同的方式逼你做不同的事。它们可能会让你直到凌晨都无法入睡,反复琢磨自己说过的话;可能会逼你把家里打扫得一尘不染;可能会让你对失去的某个机会一直无法释怀。

一位40岁的护士名叫乔伊斯,她给我讲述了自己与一只吵闹猴子遭遇的经历。

> 我去医院看望一个朋友,他住在医院八楼。我进了电梯,晚上那个时段电梯很拥挤。我还记得自己当时的第一个想法是:早知道我该坐下一趟电梯。刹那间,我觉得周围的东西向我逼近,把我包住了,我没法呼吸。我觉得自己在发抖,感到恐惧。我想尖叫。我开始觉得心砰砰地跳动,呼吸越来越急促。"这是怎么了?我受不了啦!我必须出电梯。"我的脑子狂乱地想着:"我必须出电梯,我没法呼吸。"我按下警报器,所有人都茫然地看着我。我头昏想吐,然后就瘫倒在电梯地板上。最后,电梯门开了,几个乘客把我扶了出来。

既然你已经对自己的掌控习惯和倾向有了一定的认识,是时候让自己的思想从那些一直在你生活中狂乱尖叫的猴子那里解放出来了。不解放你的思想,你会与那些猴子融为一体。这些尖叫的猴子是你头脑中的假想,你必须将它们与事实分离开。分清事实与假想是"自我交谈"训练的第二个步骤,是"自我交谈"中一个必不可少的技能。

事实还是假想:哪个在说话?

猴子、反射思维、不安全感,哎呀! 这些思想——你自己的思想——怎么会在自己的脑子里狂乱得无法控制? 你有没有觉得自己脑子里好像住了两个人? 一个是健康、自然、自信的自我,另一个是有不安全感、烦躁不安、有掌控习惯的自我。这两个自我的性格中哪些才是你真正的性格呢? 如果想拥有快乐、力量、成功,你就必须回答这个问题,必须清楚自己到底是谁。

大部分人都会被脑子里一大堆时而像天使时而像魔鬼的各种想法弄得晕头转向。这些想法给你造成了各种不同的精神伤害:"是的,我能。不,我不能。也许我可以试试……但如果不成功怎么办?"你就在这些想法中挣扎,你认为真相总是不易被看透的。你一直在挣扎想弄清楚,而有一件事再清楚不过了:你的问题在于不能把事实和假想分开。

你有没有听说过这样一句话:"有时候是你吃掉了熊,有时候是熊吃掉了你"? 生活可能是黑色的(你被熊吃掉了),也可能是白色的(你吃掉了熊)。生活像一个钟摆,一会儿上一会儿下,让人迷惑。"我不理解。我应该是个自信的人,能够掌控、应对生活中的大部分局面。可只要有人说些对我不利的话,我就会自责和焦虑。"你心里想的,尤其是那些别人说的、而且你听进去的话,会决定你的生活经历。一位接受我咨询的人一直在推延自己的婚期,因为他害怕验血。我接到一个他打来的电话,他近乎歇斯底里地说:"我就是不行,就是没法去验血。我是不是疯了?"他没有疯。但一个人被反射性、掌控思想牢牢抓住的时候,他就会觉得自己疯了。(经过几回合的马拉松之后,那位仍然不是很有信心的新郎终于验了血。我才收到了这对新人从他们的蜜月地加勒比海给我寄来的信,信上说一切都好。)

每当我谈到把事实（健康并以事实为依据的想法）与假想（以不安全感和反射性思维为依据的想法）分开时，有些人会变得很不安。他们不只一次地问我："你说的是精神分裂症吧？"相信我，双重人格或任何类似的不好的精神状态都与精神分裂症无关。其实真的只有一个人格，一个你，没有什么双重人格。你之所以这样认为，是因为你受了不安全感的毒害。所以，不要担心，只有一个你，只有一种人格。这个人格可能会产生两种相互敌对的想法，一种是健康的，一种是反射性的、毁灭性的。它只不过让你觉得被分成了两个人，但实际你没有。

自我训练思考

不安全感会扭曲但不会改变你的真实人格。

将事实与假想的区别牢记于心对你抵抗不安全感的反射思维是有帮助的。请看下面的例子：

我怀疑我不能胜任这份工作。事实还是假想？

你会问自己，"我不能胜任这份工作，这是事实吗？"除非你冒险去尝试了，你才会知道你是否能胜任这份工作，所以你应该得出结论：这是你的假想。只有你尝试了这份工作，而且确实失败了，你才能说你所陈述的是事实。

我54岁了，永远都找不到男朋友了。事实还是假想？

当然是假想。感觉像是事实，可谁会有水晶球可以预测未来呢？无论你觉得自己的预测在统计学上是多么可靠，你都要记住：未来总是抽象的，而事实不是抽象的，是"此时此刻"，是"实实在在"。

你听到她怎么跟我说的了吗？很显然她不喜欢我。事实还是假想？

猜别人的心思和预测未来一样都不是事实。无论你的猜测听起来多么"可信"，除非你能证实，不然就只能是你的假想。此例中这个人的假想让他整天都很难受，此事与你无关，他来问你不过是想发泄而已。

自我训练思考

感觉、预测、猜别人心思都不是事实。不要再把它们当成事实了。

混淆事实与假想是不安全感管辖的领域,是那些讨厌的猴子居住的地方。每个人心中都有各种各样的猴子(怀疑、误解、错觉、消极思想等),你有两种选择,要么驯服它们,要么喂养它们。要让自己有更好的感觉,要创造自己想要的生活,你要做的第一步就是不要再向那些猴子扔香蕉了,要做到这点,你首先必须分清事实和假想。只有这么做你才能认识到自己是有很多选择的。你觉得沮丧、痛苦,唯一的原因在于你认为按习惯性想法生活是你唯一的选择。认清自己有选择的机会,而且机会很大,仅这一点就能让你开始改变对生活的全部看法。你会意识到这一点的。

听听谁在说话:你的心灵之声

自我训练中的任何一个步骤都没那么困难。就好像骑自行车一样,一旦掌握了平衡,就能骑好。要学会平衡自己,你必须用新的眼光来看待自己的想法。在与受咨询人接触的过程中,我确信他们大部分人都没有对自己的想法进行思考,尤其没有思考过那些让他们卷入麻烦的想法。他们只是随便一想,就按自己的想法行动了。一个接受过我咨询的高中篮球运动员名叫约翰,他告诉我:"我要从球队退出了,我不会投篮了。"我让他解释一下"不会"是什么意思。他回答道:"训练时,我在球场的任何位置都能投篮命中,可一比赛,我就呆若木鸡。我没法再忍受这种尴尬了。"

约翰没有对自己的想法进行思考;他只是对自己"不会"投篮的恐惧做出了反应。他所说的"我不会投篮"无疑是自己的假想。事实是,他没有忘记如何投篮(他在训练时投得很好),不幸的是他听从了自己"不会"投篮的假想,于是他相信自己真的"不会"投篮了,继而就"不去"投篮了。约翰是自己不安全感的受害者。怎样才能摆脱假想的控制,解开心中对事实的扭曲,开始找出真实呢?答案就是"自我交谈"。

约翰需要意识到自己对自己的怀疑不是事实,而是一种让自己无法靠近事实的有毒物质。可能这样说能把问题讲清楚:如果约翰伤了手腕,打上了石膏,那他有正当的理由说自己"不会"投篮了,这就可以称为事实了。在四肢完好无损的情况下,他不该说自己"不会"投篮,只能说"感觉"自己不会投篮了。你应该清楚,感觉不是事实。约翰需要思考,需要把自己的真实情况与自己的怀疑分清楚。下面的这个练习可以让约翰,不再编造出更多对自己不利的假想。

自我训练力量练习

真正的"自我交谈"训练现在开始了。当你处于困境、心理挣扎或情绪十分激动的状态时,你要弄清楚自己的反应是针对事实还是针对假想。记住,事实是可以证实、可以观察得到的客观现象,而假想则基于你的理解、判断和你对某些可能性的预测。一旦你认清了两者的区别,你就可以仔细审视诸如下面的一些想法了。你会跟自己说:"看嘛,我让自己做好了一切准备,可我相信了自己的假想,认为自己不够出色,结果把约会搞砸了!"

眼下你要做的不是去改变自己的做法,而只需要认识到自己的想法是假想就可以了。下次陷入不安全感所造成的假想中时,你应该愿意坦然地去面对并且愿意承认自己的想法是假想。你要做的第二步就是要弄清自己内心交谈的内容,然后才进入第三步,真正着手去挑战自己有害的假想。

自我实现预言

前面提到了约翰的事情,我们通常把这类事情称为"自我实现预言"。也就是说,如果你把自己的假想(消极思想、恐惧、怀疑等)当作事实,你的假想就会真的变成现实(失利、不成功、遭排挤)。格雷,一个30出头的小伙子,将让我们弄清楚这里要谈的问题。他告诉我,他一直觉得孤独、不安全。他的结论是:"我永远都找不到女朋友了。"他向我提到了他的一位朋友,这位朋友不相信他会找不到女朋友,坚持让他参加周末的一个晚会。格雷勉强答应了。整个星期他都后悔不该答应,因为他知道"结果会是什么样"——再次的沮丧和孤独。

这个"我永远都找不到女朋友"的预言实现了,至少在格雷的眼里是这样的。让我们仔细看看发生了什么吧。

去晚会前,格雷的不安全感就让他心里有了自我怀疑和不祥的预兆。这些假想不光控制了格雷的感觉还决定了他晚会上的行为。格雷的朋友第二天给他打电话,责备他:"你可真行啊你,简直让我难堪。你知道有多少人过来问我,'格雷怎么回事啊? 就像要把谁的脑袋拧掉一样。'我给你介绍的那个女孩,很可爱的,她跟我说你很帅但难以接近。她认为你傲慢自大。"

格雷发现别人对他的看法对自己有启发作用。我曾经告诉过他:你把自己想成什么样的人,你就会真的变成什么样的人。他最终慢慢开始明白我这话的意思了。格雷的"自我实现预言"表明,认清假想、不去认同假想是何等重要。如果你容忍不安全感占据你的生活,你最终得到的就是你应该得到的——打了一半折扣的生活,生活中充满了不确定因素和各种问题,这些问题还会不断地重复出现。

自我训练思考

你想什么就变成什么。

自我训练力量练习

理解你的思维是如何运作的

把你脑子里的想法当作某段对话的一部分,用对话的方式来对它们进行思考,你会更容易知道自己脑子里在想什么。我想通过一个练习让你了解如何去做。问自己这个问题:"我今天感觉如何?",在一张白纸上写出你的答案。写完一两个句子后停下来。

你今天的感觉是怎样的? 也许你觉得还不错,只是做家务活时觉得有点匆忙,有点强迫感。也许你觉得生气、沮丧。做这个练习的时候,不要去看自己写的什么,而是去看你是如何表达自己的思想的。比如说,你在纸上写的是:"我很不愉快。我希望找到一个办法,能让我永远都不要这样了。"你在和谁说话?很明显你在跟自己说话。但是,如果你是在和自己说话,谁在说,谁在听呢?

不要用高深的哲学或语言学来解释这个问题。我们可以简单地认为,是你的一半在说,另一半在听。你可以拒绝或接受你所听到的。如果你接受了,说明你对它表示认同。上例中,你对自己说"我很不愉快",如果你接受这个想法,对它表示认同,你就变得不愉快了。你也可以不接受你听到的,你可以反击:"我该怎么做来改变这种感觉呢?"

回头看看你写的,你能明白这就是一种头脑里的对话吗?这种对话随时在我们的脑子里进行,只是你没有留意,没有注意到它的存在。当然,这种对话是无声的,我们的耳朵是听不到的。它是一种心理对话,一种完全正常的内心对话,我称之为"自我交谈"。当你开始留意自己的"自我交谈"时,你就会注意不安全感(假想)有它与众不同的声音,这是一种反射思维的声音,是它在伤害你。一旦你开始看清事实,意识到哪些完全是自己的习惯,你就会发现,你在无意识间就能自动把事实和假想分开。

分清事实和假想:现在就行动

和大多数人一样,对你的生活造成损害的不安全感是以一种自发、惯性的方式在起作用。随着时间的推移,大部分习惯开始变成自然,你有可能就意识不到它们对你生活的影响。比如,有人会说"我没法应对压力"或"我情绪低落",这时他们陷入困境,但是他们没有意识到自己是可以选择摆脱困境的。

产生这种心理状态的原因有几点。当你说"我没法应对压力"或"我情绪低落"时,你表现出不安全感的症状,而且把这些症状当作不争的事实。更糟的是你对它们表示认同!当你说"我情绪低落"(或者"我焦虑不安","我不愉快","我消沉","我怀疑","我紧张不安","我有强迫感",等等)时,你实际上在说"我的名字就叫情绪低落"。这时,你和你的低落情绪就融为一体了。你现在应该清楚,在你的心理现实中,不安全感的习惯绝不是不争的事实,它们是你的假想,只是被你当成了事实而已。

这样说吧,当你感觉情绪低落时,你应该作出以下的区分:"是的,我觉得情绪低落,但事实上,不是我在情绪低落,是我的一部分在情绪低落,只有一部分我在情绪低落。"这种简单的意识,可以让你处在一个更加客观的位置。当你有了一些客观的想法,你就不太容易把事实与假想混淆。我知道你会认为我的话听起来像在做文字游戏,但这些文字能够改变你的生活。意识到自己可以做出选择,就足以给你带来很大的启示了。你深深陷入自己的假想当中,与这些假想融为一体,你因此感觉到对生活无能为力,无法应付生活中的很多情况,你这样的感觉有多久了呢? 当你面对生活挑战时,你脑子里出现"我不能"的假想,这种情况的频率是多少呢?

一旦你意识到你有很多选择,你就不会再觉得自己落入了生活的陷阱。只要你开始行动,迈出第一步,将事实与假想分开,你就可以获得心理解放,你就可以明白,你有机会选择自己想要的生活,而不必觉得陷入生活的泥潭无法自拔。

童音

当你努力去分清事实和假想时,还有最后一个概念可以成为你的一种主要财富。当你陷入生活的困境时,如果你仔细倾听你的想法,你总能听到里面包含的一种单纯、孩童般的声音。当你生气和抱怨、放弃和退却、畏缩和迟疑时,可以肯定,你不仅受到当前现实的影响,还受到很多年前就养成的习惯的影响。你的不安全感深深扎根于你的童年时代,它今天在你身上留下的烙印也就带着清晰的孩童气息。

你的想法中有一种孩童的气息,这是什么意思呢? 如果你哪天去商场的话,你会听到孩子们因为没能得到想要的玩具而哭泣的声音,没吃上蛋卷冰淇凌而尖叫的声音,因为想回家而生气哭闹的声音,因为被惯坏了而大发脾气的声音。学会仔细倾听你的想法,你就会看到你的想法和那些孩子有着同样的倾向,像那些可怜的孩子一样,不愿去应对生活。

自我训练力量练习

从现在起,当你在困境中挣扎时,听一听自己想法里发出的声音,问一问自己:这些声音听起来是成熟、合理的,还是失调、愚蠢、孩子气的。经常性地列出自己孩子气的行为倾向,你将发现列出的这些行为倾向会为紧接着形成的习惯敲响警钟。注意到源自童年时候的声音,你就可以反思自己的行为,提醒自己。比如说:"我童年的习惯让我跺脚生气,于是我就这样做了。但这是一种成熟的做法吗? 好吧,深呼吸,我将像成年人一样来讨论这个问题。"能否正确看待这个问题的关键在于:对于在童年时候就由于不安全感造成的习惯,你不能再纵容,这些习惯正把你重新变成一个孩子。"自我交谈"的第三步就是要教你怎么才能做到不去纵容这些习惯。但首先请让我把杰森介绍给你。

杰森是一个 20 岁的学生,他没有很好地理解女朋友劳丽跟他说的话。女朋友告诉他,她圣诞节要去坎库恩和一些朋友进行了断。夜里晚些时候,杰森在日记本里写下这样的日记(这是一个很好的例子,它展示了把健康的想法与习惯性、孩子气的想法分开的过程)。

> 我想信任劳丽,可当她告诉我要去坎库恩时,我丧失了对她的信任。我生气,指责她不爱我,我恨她! 几个小时过去了,我现在开始意识到,当她说她要走时,我变得像个小孩子一样,马上得出了她对我不忠的结论。我觉得我易受伤害,我害怕。我猜想,当时我的想法是这样的:只要我恨她,她发生什么事我就不用在意了。我现在要做的是迫使自己认识自己的另一半(杰森在这里指的是他成熟、健康的自我)。可是我孩童时代形成的本能反应不想让我这么做! 好的,现在我清楚了,不是我自己而是这种孩童时代形成的本能反应让我感觉受到了威胁。劳丽从来没有做过什么可以让我不信任她——从来没有! 现在我可以选择,要么屈服于自己孩童时代形成的本能反应,要么给劳丽打电话道歉。我知道怎么做是对的,只是要消除刚才的惊慌失措有点困难。

杰森给劳丽打了电话。劳丽去了坎库恩。杰森依然好好地活着。

杰森的日记是一个很好的例子，它可以让你明白必须去仔细审视自己对生活挑战做出的反应。任何时候，只要你觉得自己被不安全感所包围，提醒自己不是别无选择而是有很多选择。

自我训练思考

处于任何冲突中时，如果你能辨认出谁在讲话，你会发现自己还有选择。

13　步骤三：不要听信杂音

有这样一个笑话，一个人问："医生，我的胳膊这么动就会痛，我该怎么办？"医生回答道："那你就不要那样动。"当消极思想、疑虑、缺乏自信对你的生活进行围追堵截时，我也要给你同样的建议：你不要那样去想。我不是在讲笑话。如果你想逆转你的生活，你就不要再把自己想成一个失败者，一个不成功的人，一个不怎么快乐的人。你会感到吃惊的，因为要做到这一点真的不复杂，至少按"自我交谈"的方法去做就不复杂。

"自我交谈"的一个原理

传统治疗方法及各种媒体都鼓励我们凡事进行过多思考，凡事都坚持问"为什么"，这让很多人对心理康复的本质感到疑惑，想了解到底是怎么回事。这种对自己无意识心理状态或心理历程的探索可能会很刺激，但在我看来，如果你想改变自己——真正改变自己，这么做是浪费时间。自我训练关注的不是你与母亲关系的历史、你是否是独生子、是否是孤儿、是贫穷还是富有，也不是你为什么会养成不安全感的习惯，自我训练关注的是你将如何去对待这些习惯。

下面就教你该怎样做。

"自我交谈"教你"健康的思维"是你的一种选择。你已经了解了如何着手分清以事实为依据的健康思维和以假想为依据的反射思维。接下来的第三个步骤简单明了：一旦你意识到反射思维在左右你的思想，停止听命于它！每次祖母注意到我在为某事担心，她总会说："你没法阻止小鸟飞进你的头发，但你不能帮它筑巢！"祖母说得对，你没法阻止反射思维出现在你的脑子里，但你不必一次次地去想它,给它筑巢,喂养它,给它施肥。从现在起,停止筑巢。

不安全感可能会大声喧哗,尽量说服你去筑巢。但你在第二个步骤中已经清楚了,不安全感(那些讨厌的猴子)只是你的一部分。你健康的另一部分可以选择不被这些假想所欺骗。如果"自我交谈"的第一和第二步是思考的过程,那第三步就是让你绝对地行动起来。你采取的行动就是停止听信那些声音。

我有两个孩子,这些年来各种各样的事情让我从睡梦中惊醒:孩子梦游,做噩梦,呕吐,还有一次是因为一只超大黑蚁无情地将它的钳夹刺进了我儿子的腿。父母都长着特殊的耳朵用来倾听夜间求救的呼声。有趣的是,雷声、街道的噪音、狗叫声、闹铃声都会把父母们吵醒,但他们对这些声音有抵抗力,醒了之后又能睡着。但只要是孩子们的紧急呼叫,他们就会立刻惊醒朝求救的痛苦呼叫声直奔而去。

为什么闹钟响的时候你总是说:"再睡一分钟,就一分钟"?难道你真的那么无力,起不了床?可夜间熟睡时,痛苦的呼叫声却能让你立刻做出反应。这是为什么呢?你对生活中的很多事情说"不",你是当真的,比如抢银行、对老板的要求不予理睬。可你对一些事情说"不",你不是当真的。任何知道父母好说话的孩子都知道,"不"的意思不一定是"不"。

为什么我们做出健康选择的能力会如此虚弱?答案很简单:是坏习惯造成的!再多吃一口,再多睡一分钟,再多喝一瓶啤酒——就这样,你已经习惯纵容自己,你开始言不由衷:"不"不再意味着"不"。在谈到抽烟的习惯时,马克·吐温说它是世界上最容易戒掉的习惯:"我已经都戒掉1 000次了。"当你言不由衷、当你屈服于毁灭性的冲动时,你也就让自己相信,你"不能"承担自己肩上的责任。这又是那些"我不能"的假想,这些"我不能"的假想让你不愿真正去做,因为你已经变得虚弱无力了。你点头承认自己虚弱无力了吗?如果是,我来告诉你:你没有虚弱无力,你只是感觉自己虚弱无力。这完全就是一种感觉自己无能的习惯,给自己一个好的环境,你就会像夜间听到孩子的呼救声一样,充满力量和潜能,行动起来。相信我,力量就在那儿等着你,它不需要你去获取,只需要你去接近。

你可能会像大多数人一样,一开始不知道如何让自己停止消极、不安全感的思维方式,特别当这种思维方式已经是你多年习惯时,你尤其不知如何下手。你会说:"我不能控制自己脑子里的想法,我无能为力。"这不是真的! 你不是无能为力! 32岁的警察局车辆调度员琳达感到疑惑:

> 我最大的问题是我脑子里的想法。一定是因为一部分自我相信了这些想法。我希望能够不纠缠于这些想法,对它们说"不",不认同它们。今天早晨起床时,我为一些愚蠢的事情十分担心。我该怎么办啊? 我很担心,可能就像你说的那样,我在喂养这些思想,让它们滋生。我努力告诉自己这些想法只是暂时的、会过去的。我努力对它们说"不",但我没法阻止我的思想洪水般地出现。充满孩子气的那部分自我神出鬼没。我刚意识到自己的一种扭曲的想法,我的反射性思维马上会让我陷入另一种扭曲的想法。还没来得及看清,我又掉入另一种忧虑的想法。我每十分钟就会进入一个忧虑圈,在里面打转。人脑的运行真是让人不解啊。

琳达努力不去听从自己的想法,但她做不到。为什么呢? 理由和你听到闹铃而不起床一样:当你对自己说话时,你所说的不是当真的。

自我训练力量练习

我想让你进行一种尝试(这个尝试对琳达很起作用)。从现在起,我想让你给自己找一个简单、不算太有压力的挑战,在这个挑战中你必须要求自己不要听从于你典型的不安全感思想。比如,你决定"我不在睡觉前吃我常吃的高热量点心了,我要对这些点心说'不'!"或者"我不会再拖了,今天早上我一定要去把账单付了。"一旦你选定了某个挑战,我想让你和自己签一份正式的合同。合同可以这样写:"我拒绝听从自己的欲望,我要对它们说'不',我睡觉前不吃东西。"或者这样写:"不论我的想法再怎么让我分心,我都不会听从这些想法,不让这些想法干扰我,我要在中午前把账单了清。"

上面的尝试只有一个目的:让你不再听命于自己的反射思维。记住:不要抱怨、不要诉苦。如果觉得自己不吃那块点心世界就完了,你当然就会觉得自己踏上了一条艰辛的路。不要骗自己了,你可以不吃,你可以不听命于自己的反射思维。什么时候你做好了准备去选择自己想要的生活,这只能由你决定——你也必须决定。

努力回想一下你上次决定说"不"、不听命于自己不安全感的情景。你是怎么做到的? 你可能说的是:"不,我不会那么去做的!"你瞧,你说到做到了——没有听命于自己的不安全感。是魔力吗? 不是! 你可能把这种力量称为毅力或自律。不管怎样,你成功地说了"不",而且做到了。做起来并不复杂。我要你做的,就是有意识地去对付你的反射思维。

反复进行"说不"的尝试是一个很好的办法,因为你需要锻炼。抛开你所习惯的犹豫,让自己开始习惯说"不",并让自己意识到你是可以做到的。坚持锻炼,你会让自己的心理肌肉变得强健,这将使你变得像铁钉一样坚硬,可以去对付任何以及所有的坏孩子脾气。

自我训练思考

如果你认为自己不能说"不",而且真的这样想,那你就错了。

发挥你的想象力

在这一章结束前,我想与你分享最后一个也是最重要性的一个技能。我早就发现,要对反射思维说"不",创造正确的心理图像对你有很大的帮助。我强烈建议你找到并运用一个适合自己的心理图像。你可以发挥自己的想象力,自己创造一个心理图像,也可以从下列心理图像中挑选一个:

关上防水门

如果你曾经坐过军舰或是在电影上看到过潜水艇,你可能注意到了船舱里那些巨大的防水门。这些门会在船体受损时关闭。不安全感像水一样,会从没关严的门那里漏进来,最初担心和疑虑只是一股细水流,最后就变成了担心、惊恐、失控情绪的滔滔洪流。每当你意识到自己在听命于反射思维,你就想象自己在猛力关闭那道防水大铁门,不让水漏进来。一旦你密封了那道门,反射思维就进不来了。

踢足球

想象自己在足球场上。你的任务是不让旁边球场上的球进入你的球场。你沿着球场走，一个球滚进来，你走过去重重地把它踢出球场。反射思维可以被看成侵入你心理球场的足球。你看见它来了，把它踢出去，再来再重重地踢！最初你的球场会有很多球，随着你大胆地清理自己的球场，你踢球的频率很快就会慢下来。

击打身体

拳击的目的是击倒对手。这不是单单一拳就能做到的，你必须通过一系列的身体击打削弱对手才能最终一拳制胜。反射思维是你的对手，只有你足够幸运才可能把它一拳击倒。所以，在对你的反射思维说"不"的时候，你该想象自己在击打对手的身体。摆脱怀疑——出拳！拿出点冒险精神——击打对方身体。

管教孩子

反射思维中有着清晰的原始烙印，这让你不难听到并想象到这种思维方式中孩子般抱怨、发脾气的声音。如果你在管教一个被惯坏了的、不听话的孩子，你会怎么办？我希望你能掌握控制权，纠正这个孩子的毛病："听着，闭嘴！够了，不要再哭了！"对于一个缺乏管束、不好对付的孩子，你一定要强硬，一定要坚持，而且最重要的是你要清楚你的方法——对他说"不"。记住，你要控制孩子，不是让孩子来控制你。

释放气球

如果你觉得以上的心理图像太具攻击性，想要一个平静点的，那你可以把反射思维想成你手中的氢气球。当发现受到不安全感的威胁时，你就松手放开手中的线，静静地看着气球飞上天空——变得越来越小，直到最后不见踪迹。

▼
▼
▼
▼

14　步骤四:遗忘

读到这里,你已经了解了如何识别自己的掌控倾向,也清楚了如何将事实与假想分开,目前你应该在对自己的反射思维说"不"。到了第四个步骤,你该去拿你的奖品了——把困境从你的生活中消除!我现在要给你提的建议可能会让你觉得与你到目前为止一直在做的有点矛盾,因为这是第一次我让你不去思考该怎么做,至少不是严格意义上的思考。那思考的对立面是什么呢?就是学会遗忘。"自我交谈"必须把你带到这一步骤——在前面的步骤中,你必须分清事实与假想以便了解自己在想什么,你必须阻止洪水般的不安全感,而现在你要做的就是遗忘——忘掉自己在困境中的挣扎,忘掉不安全感,忘掉反射思维。从现在起,你的咒语就是:分清、阻止和遗忘。

意识流中的漂流

我的侄女克丽丝和凯西(第3章中提到过的那对不完全一样的双胞胎)是纽约州伍德斯托克人。一个夏天,她们说服我和她们一起做一件我从来没有听过的事:漂流。漂流就是坐在一个巨型内胎里,在湍急的溪流中顺流而下。有一块木板用带子绑在这个内胎中间,这块木板被称为"撞击板",它可以保证你的臀部在漂流时不受凹凸不平的岩石的伤害。我开始以为这块木板没有必要,可事实与我的想法有异:漂流是一种会给你留下欺骗性第一印象的运动。你一进到冰冷的溪流中,水流就会马上牢牢控制住你的漂流胎,你的身体就会与水中的岩石、飞转的涡流密不可分。这时你该感谢上帝让你有了一块"撞击板"。

不安全感就像湍急的溪流一样在我们的脑子里奔驰。这不是真的溪流,是一种意识流,一种焦虑不安的意识流。当你陷入不安全感的急流中时,你撞到的不是岩石而是对生活的恐惧、怀疑和犹豫。当你在这种不安全感的意识流中漂流时,你可能没有注意到你正向一些更可怕的急流漂去,这些急流会很快把你带进绝望、焦虑、紧张,甚至抑郁的习惯中。如果你顺水漂流,这股溪流就会控制你生活的方向,而且似乎无法阻止。

记住,不安全感这股溪流给你的印象是:你对它无力回击。但这只是你的印象而已! 你需要做的就是从这股溪流中走出来。你必须从漂流胎中走出来,你会沾上一点水。第一、二、三个步骤已经为你做好了登陆的准备,现在到了你从不安全感这股溪流中走出来的时候了,是你开始新生活的时候了。不安全感很久以前就让你确信,只有掌控生活才能得到最想要的东西,可现在你应该清楚事实并非如此,事实是:你所处的溪流不深,只齐腰深。

越少越好

凡事进行过多思考的人或是有掌控思想的人在进行第一、二、三个步骤的时候都没有太大问题,因为这三个步骤都是进行思考的步骤。你活在自己的思想里,只要求你对生活进行思考当然让你觉得安全。但现在你面临的挑战是一种你不习惯的方式——不思考,也就是遗忘。这就是为什么我说从漂流胎中走出来时,你会沾上一点水。走出漂流胎,你会觉得有点不舒服或不习惯,但是要上岸登陆(走出反射思维这股溪流),这种感觉是不可避免的。相信我,你不会受伤。

"停止思考?"你可能会认为我疯了。多年来,你一直马不停蹄地思考,要让你停止思考似乎不可能。事实并非如此。记住,我们不是要停止所有的思考,只是要停止那些受不安全感驱使的思考。在讨论具体如何停止不安全感的思考之前,让我先告诉你是什么最初让我相信思考不是解决问题的办法。

乔·卢斯亚尼被通缉

我和我的妻子刚结婚不久,一天我下班回家收到一封挂号信,是从纽约皇后区法院寄来的。来信是通知已经对我发出了逮捕令! 信里说,我的妻子,一个叫罗莎的妇女,已经对我提起上诉,控告我拖欠了孩子两年的抚养费!

在皇后区监狱的某个地方过夜!我满脑子都是这种让我惊惶失措的想法。我给亚历克斯打了电话,他是我原来的室友,是一名律师。他向我保证没有什么可担心的(他说起来容易),他说他来处理这事。过了很久,他打电话说,很不幸,事情没那么简单,他早上必须去趟法院。

那天晚上,我想象着一个又一个复杂的情况。我眼看着鼹鼠丘变成大山脉而无能为力,一大堆"如果……该怎么办"的问题使我心烦意乱。理智上我很清楚,这件事总有一天会水落石出。可这"总有一天"是什么时候啊,它让我陷入感情失控状态。我承认,我大部分的担心都是牵强而缺乏理性的。(如果你看过《午夜快车》①,你就会知道我所想象的场面会使你想起土耳其野蛮的监狱。)

在我情感挣扎、极度狂乱的时候,我的意识里出现了一个安慰的小气泡。在一片混乱的"如果……该怎么办"的问题中,这个小气泡出现了,它告诉我一个事实:我生活中的每件事情——这件或那件——都得以解决了。我知道这个声音听起来过于简单化了,可是它就像一声"啊哈"一样,让我感觉得到了启示。我的生活中曾有过的无数挑战——大的或小的挑战——都过去了,都解决了,或者都不再影响我了。

第二天早上,亚历克斯打电话过来说是电脑出了问题,现在已经解决了。我从昨天晚上那种毫无必要的痛苦经历中走出来,觉得自己那么歇斯底里真是荒唐。更重要的是,我明白了一点,担心、焦虑这种东西,是越少越好!我意识到事情能够伤害到我是因为我想得太多。我问我自己:"如果我什么都不想又会怎样呢?"你知道答案是什么吗?如果我不去想,我一样安然无恙。当然,我不担心是不可能的,但是我应该信任我生活中的那些数据,这些数据显示了无数次出现在我生活中的事实:那就是事情总会过去,总会解决,总可以澄清,我可以睡得更安稳,少烦躁不安,少长几根白头发。可要做到这些,我必须阻止那些焦虑的想法。

---

① 《午夜快车》:美国电影,讲述一个美国青年因携带毒品到土耳其被判罪,在狱中受尽不人道对待,在他即将出狱时又无理地被改判终身监禁,因此决定逃狱。

当然你会说担心、焦虑可以让自己为将来做好最坏的打算，但焦虑或者掌控思想真的能让你为将来做好准备吗？肯定不会。你的本能反应比你深思熟虑过的想法更有效。直觉和本能有着四百万年的历史，如果你敢冒险，相信直觉和本能，然后什么也不做，放松自己，遗忘那些焦虑的想法，让生活展现在你的面前，你从中积累经验。这是你做事最简单、最有效的方法。有时候，你会像我一样，遇到"拖欠孩子抚养费"一类狼狈的事情，这时候你就更应该按以上方法来进行处理。

三种遗忘的方法

有三种方法能够让你学会遗忘。哪种方法对你最有效取决于你的特殊情况和个性。同时运用三种方法也不会对你造成伤害，这也是我衷心向你推荐的做法。这三种方法分别是：频道转换、治疗性莽撞、冥想。让我们先看看第一种最简单的方法。

频道转换

我开车的时候，喜欢听古典音乐。昨天我下了瑜伽课开车回家，心情平静，听着莫扎特，欣赏着满地白雪的风景。有人用喇叭高声叫卖着可拆换窗户："低价了，只有一次机会！"叫卖声打断了我恬静的思绪，平静被打破，我转换了收音机的频道，把音乐换成了轻爵士乐。我又回到了平静的白雪幻梦中，很容易就做到了。

当你听收音机时，你自然会想听自己喜欢的。当你听到不安全感向你尖叫，想把充满消极思想、怀疑和恐惧的生活卖给你时，你就换频道。下次发现自己的平静被打破时，你就想象自己在转换频道。下面是一个简单的练习，它可以使你明白转换频道不难做到。

自我训练力量练习

想一件发生在自己身上的不利事情（某个尴尬的时候，一次受惊吓的经历等）。然后想一件给你带来积极情绪的事情——某次美好的记忆、某种愿望或者对未来的展望——任何让你感觉很好的事情都可以。在白纸的一边写上你不好的经历，在另一边写上你美好的经历。

大约 30 秒的时间，只看不好的那些经历，把思绪集中在这些经历上，其他别的什么都不要想。30 秒后，把纸翻过去，迫使自己只想那些美好的经历。一开始这可能需要一些练习和耐心才能做到。

一旦你掌握了从消极思想转换到积极思想的诀窍，你就可以看着那些不好的经历，让脑子里充满消极的思想，然后任何时刻把纸翻过来，马上让自己转换到积极的思想。随着这个练习的进行，你会发现自己能随时从消极的思想转换到积极的思想。

上面这个练习的目的是为了让你相信，任何时候你都可以转换频道，不再听命于那些伤害性的、带来不安全感的反射思维。一旦你知道转换频道那么容易做到，你就会理解"获得力量"的真正含义是什么了。就像在收音机上调台一样，听到不喜欢听的就换台！

扫雪机的郁闷

去年，新泽西遭到了一场早冬暴风雪的痛击。让亨利兴奋的是他没有听命于自己反射思维，他转换了频道，他急着要告诉我这个消息：

> 昨天晚上我在院子里试用自己新买的扫雪机。才用了两分钟，机器就停了——死在那里了！我花了几个小时都没弄清楚怎么回事，就回屋不弄了。我坐在屋里心情很不好，觉得又累又沮丧。怎样才能找到人来修呢？该给谁打电话呢？我该把这个怪物运到谁那里去呢？
>
> 我注意到自己在被一种可恶的、焦虑不安的情绪所吞噬，让我觉得生活被撕成了碎片。东西坏了我却修不好。更糟的是一种带孩子气的反射思维在责备我，说我在浪费钱（我妻子也这么说），不该把这蠢东西买回家。如果我让这种反射思维继续，我保证我的情绪会失控。好像我在夸张，可我没有——我的情绪越来越激动。

感谢上帝！我想起了我们谈论过的"转换频道"。我需要找到选台按钮，不听从这些乱七八糟的想法，把它们忘掉。我给自己倒了杯咖啡，然后跟自己说："我不知道怎么才能把这该死的东西修好，但我总能把事情搞清楚。我要把所有这些抱怨情绪都忘掉，相信自己明天一定会找到答案。我要给我弟弟打个电话，我想他一定会急于告诉我佛罗里达有多暖和，这能使我转换一下频道。"尽管我的思想还想继续叫，想告诉我情况有多糟。可我不想让自己觉得不愉快，绝不！卡嗒——我换频道了。

真的，和弟弟聊了十分钟，我把扫雪机全忘了。哈哈，就算没全忘，我至少不把它放在心上了，可以去洗个自己该享受的热水澡了。

亨利不再对自己的反射思维俯首帖耳，他转换了频道，于是他把事情想清楚了，得到了一些他很需要的认识。他怎么可能做不到呢？亨利和你一样，也解决过生活中无数的挑战。这个挑战又怎么会解决不了呢？我们肯定都有能力应对生活，可是反射性的不安全感一旦侵蚀了我们，生活中的这些成功例子就变得一文不值了。这些成功的例子只有在你停止反射思维、分清事实与假想的情况下才会有意义，才会改变你的生活。反射思维会不断升级，勒住你的脖子，让你变得一无是处，而转换频道是一种可以改变这种局面的方法。

建立自信

不安全感和掌控习惯带给你的是一种压抑紧张的生活，你左顾右盼，总认为自己会遇到麻烦，你成了一个思想负担很重的人。遇到生活中的挑战，你会发现自己刻板、谨小慎微、胆怯，对生活、对自己缺乏信任。在你的思想被反射思维所损害，你苦苦挣扎时，不用我说你都会感觉到那种压迫感。

我与掌控习惯很重的人交谈时，经常会出现这样的情况：当我提到"遗忘"这个概念时他们会强烈地反对。他们会说："你一定是在开玩笑吧。遗忘？我怎么能忘记他对我说的话？如果我在街上碰到他该怎么办？如果他把那些话告诉他的朋友怎么办？如果……"他们的问题在于，忘掉不安全感对他们来说是最不安全的。你应该还记得"自我训练"基本原则中讲到了"想掌控生活是一个神话"。同样,你陷入反射思维,认为你所做的努力可以在生活中保护自己,这也是一个神话。学会遗忘、摆脱焦虑、建立自信——这些才是明智的做法,而且也是安全的做法。

自我训练力量练习

鼓劲谈话

当我最初构建"自我训练"方法时,我很大程度上依靠的是我所谓的"鼓劲谈话"。持续不断的鼓励最可以让人采取果断的行动,敢于冒险去信任生活。实际上,我现在仍然支持"鼓劲谈话",并把它强力推荐给你。你只需把自己想象成一个在运动员休息室里的教练。你身上的不安全感、恐惧感、不悦感就像垂头丧气、战败的运动员。记住,你是教练员。你知道运动员的活力已经被不断升级的消极思想吸干了,你必须要阻止这种局面。

作为一名教练,你该说些什么呢?首先,教练不能支持消极思想,不能接受失败。要克服这些障碍,教练必须点燃运动员心中的火种,激发起他们战胜困难、赢取比赛、获得胜利的决心。为此,教练员可以咆哮,可以怒骂,可以鼓励,可以刺激,可以责难。下次,你发现自己萎靡不振时,对自己进行"鼓劲谈话",让自己不要放弃。对自己怒吼,不要承认自己无能,拒绝给自己找任何借口,只允许自己有战胜任何、所有逆境的意愿。失败与成功的区别只是态度的不同。

尽管我的"鼓劲谈话"似乎总能取得有利的结果,但我一直在寻找更多的东西,一种诱惑力——它是让人们正确理解事物的关键,也是让人们发生转变的动力。我需要的就是这种有诱惑力的"鼓劲谈话"。

萨曼塔是一位 25 岁的花卉师。她给了我所需要的那种顿悟:

> 我认为我该注意一下自己喝酒的问题了。和其他女孩出门参加社交活动,我需要喝点酒来放松自己,我不会喝醉,但你不会相信我喝了酒之后所发生的转变。就好像有人鼓励我,让我有了信心。难

以置信,我对任何事都不担心、不在意了,我愿意与陌生人交谈,我自我感觉良好。我也明白了为什么有人会嗜酒成瘾。

很多人都对我讲过类似情况。对那些有不安全感、生活犹犹豫豫的人来说,酒毫无疑问是极具诱惑力的。我曾经在一名精神病学家手下做实习生,他常把酒称为最好的抗焦虑药(这也是为什么酒会如此危险)。酒有什么心理作用呢? 对刚开始喝酒的人来说,酒给他们一种自信的虚假感觉,同时释放他们的压抑感。随着担心、迟疑的减少,喝酒的人很可能会变得冲动。这就是饮酒的主要危害:提升虚假的自信感、夸大个人能力。再加上饮酒后产生的凡事都不在意的感觉,以及酒后判断力和身体能力的下降,酒真正就成为了一种具有毁灭性的药物。

不想鼓励萨曼塔继续饮酒的原因以上都说得很明白了,但我不想让她注意到自己酒后所发生的事情。我要她注意的是,酒后不再为自己的安全担心时她所经历的思想变化。萨曼塔按我的要求做得很好,我把她所做的称为"喝心理鸡尾酒"。

我不想把酒当作一种积极的比喻,只是想从中得出我要的灵感,这种灵感就是:酒能让人无忧,让人产生"所有的事情都见鬼去吧"的莽撞态度。而这正好就是我要找的诱惑力,它可以用来教那些思想负担过重、有掌控思想的人学会遗忘。我把这种方法称为"治疗性莽撞"。

让我澄清一下有关莽撞的问题。莽撞有两种:毁灭性莽撞和治疗性莽撞。毁灭性莽撞与冲动有关,并将冲动付诸行动(打架、偷窃、醉酒)。治疗性莽撞别无他用,只是用于遗忘被不安全感所驱使的掌控思想。对此你可能不以为然,但只要你回想一下你对未发事件焦虑、怀疑、恐惧时的情景,你就会知道要学会遗忘、让这些思想走开,你必须莽撞。还记得那天晚上我担心自己被关进纽约皇后区监狱吗? 在类似我那样的情况下,不用你常用的掌控手段,你就会觉得不舒服,或者觉得自己处于危险之中。"不用我的方法去控制局面",这个想法对你来说太陌生、太可怕了。你对这种想法的质疑却恰好说明你需要那杯名叫莽撞的"心理鸡尾酒"了:"见鬼去吧! 她怎么想? 他不喜欢我说的? 我该说些什么才对? 这些我全都不会去担心,我也不会为它们而睡不着觉!"

让我们再回顾一下萨曼塔和她的饮酒经历。你应该能想起,酒让萨曼塔不去"在意"平时的很多顾虑。萨曼塔和你一样,都会在意生活中的一些问题,那是正常的,没什么大不了的。可不安全感和反射思维会迫使你的"在意"发展到一个极端的状态,这时你就会发现自己凡事都"太在意"。"遗忘"不是让你凡事都不在意、凡事都不关心(记住,我们在第4章所讨论过的"担忧"与"焦虑"的区别,前者是针对事实,而后者是针对假想),只是让你不要太在意。下面是一些简单的练习,可以加深你的理解:

1. 谈到自信问题时,告诉自己"我要莽撞"——让自己相信在自信上表现得莽撞些是没关系的。

2. 给自己进行一点"鼓劲谈话",让自己有足够的勇气敢于遗忘典型的掌控策略,告诉自己"行动起来"!

3. 想象自己喝了"心理鸡尾酒",是一个酒后变得自信的人。

4. 意识到自己的问题在于遇事瞻前顾后,考虑太多。让自己变得莽撞些,敢于投入手头的工作,敢于遗忘那些乱七八糟的想法。让自己沉迷于要做事情,而不是迷失在想法里。

5. 你的掌控思想让你觉得置身于一个舒适的地带,从里面走出来会让你觉得自己莽撞。不要愚弄自己了,这不是莽撞,这是跨出掌控思想的掌心。莽撞只是你的感觉而已,只要你抓住这个机会,你会吃惊但高兴地发现——你的感觉是"获得了解放"!

自我训练思考

心甘情愿地对自信采取莽撞的态度。

冥想:最经典的"遗忘"方法

我第一次练习冥想时,别人教我随自己的呼吸而动,其他什么都别做,呼气然后吸气。听起来很简单,试了我才知道不是那么回事。最开始,没几秒钟我就发现自己在和入侵的思想作斗争。慢慢地,我更耐心了,能更好地把注意力集中在呼吸上。最后我能把全部注意力都集中在呼吸上的时间越来越长。

我发现,随着我注意力的集中,那些让我分神的想法越来越少。

达到这样一种境界,冥想的好处就显露出来了。冥想之后,我就好像在度假,很放松,头脑变得更清醒、敏锐,体力也恢复了。每次上完瑜伽课,冥想之后,我都觉得自己有了新的见解,有了平静无忧的心绪。带来如此巨大变化的心理机制是什么? 冥想时我在做什么? 反复思考之后,我得出的结论是:在我把注意力集中于呼吸上、不让任何想法使我分神时,我了解了如何走出(遗忘)我平时的自我意识,而这种自我意识正是担心、忧虑、烦恼、欲望潜伏的地方。因此,冥想时,平时这些世俗的自我意识就不会咬住我的脚跟不放,我的头脑和身体就能摆脱这些意识的不良影响,让我得到心理和生理上的解放。

既然冥想可以让我摆脱平时的自我意识,为什么就不能用冥想来帮我遗忘自己的反射思维呢? 我开始尝试,而且成功了。举个例吧,当我担心或害怕时,我就什么都不想,注意力集中到自己的呼吸上,轻松自然地去遗忘那些让我担心害怕的想法。如果我没试过、没有经历过,我就不会知道遗忘可以那么简单。这也是为什么我要把冥想作为第四个步骤中的一个练习,冥想可以让你知道:只要你学会遗忘,反射思维就不可能支配或者毁掉你的生活。

我知道,不是每个人都愿意进行冥想训练。不用担心,"频道转换"和"治疗性莽撞"两种技能足以让你理解"遗忘"的意义和如何做到"遗忘"。冥想训练可以让你获得摆脱思想束缚的亲身体验,因此,我还是鼓励你尝试一下,哪怕只是偶尔试试。

自我训练力量练习

冥想:学会静

冥想就是一种让人学会静的训练,这样说我认为是恰如其分的。如果你的反射思维在左右你,学会让自己静下来,你就可以证明反射思维不可能控制你。有一种简单易行的方法可以让冥想进入你的日常生活。要达到"遗忘"的目的,你所需要就是每天几分钟,而这每天几分钟能让你知道达到这个目的是多么容易。

练习规则一:强度不要过大! 如果太过努力,你会有一种受挫感,而最终不想再进行冥想训练。从一开始就该让冥想给你带来积极、有益的体验,不该让你感觉痛苦。要想体验一下冥想的"遗忘"功效,最开始一两分钟就够了。慢慢地,如果想体验冥想无尽的益处,你可以延长到十五分钟、半小时,或者更久。但我想提醒你,西方典型的"没有痛苦就没有收获"的思想是不适用于冥想训练的,它反而会破坏冥想的目的,破坏冥想可能带来的好处。

练习规则二:在地板上坐着,采用一个舒服的坐姿,可以在尾椎骨下面垫一个坐垫。最好把腿盘上,有可能需要一段时间的锻炼你才能保持这个坐姿。如果你坐在椅子上,确保你的背部有东西支撑,注意平衡你的身体以免你的头低垂。找到舒服的坐姿后,你要么闭上眼睛,要么凝视某种东西——比如一根蜡烛或是某个具体的参照点。如果你选择一根蜡烛,你最好让眼睛几乎处于全闭状态,只留出一条缝可以看见烛光。尽量不要眨眼,如果你觉得必须眨眼,那你就闭下眼然后再继续。

现在你就该把自己的意识全部转移到呼吸上了。几千年来,冥想训练都是凝神于呼吸的。呼吸可以充当一个诱惑物,让你的注意力稳定到它上面,不让其他思想来分你的神。开始你用鼻子正常地呼吸,然后你可以试试在呼吸的时候让鼻腔深处发出轻微的"嘶嘶"声。

很多人在冥想时用曼特罗①来集中自己的注意力。你选择的曼特罗可以是一个你每次呼吸时重复的某个词或词组,它对你来说有个人意义或宗教意义,总之是你感兴趣的词或词组。简要说明一下你该如何做:用鼻子呼吸,注意听鼻子里发出的"嘶嘶"声。吸的时候,脑子里想你的曼特罗;呼气的时候默默地重复你的曼特罗。不断地重复,呼……吸……

关键在于:当你凝神于呼吸和曼特罗时,什么都别想,只关注自己的呼吸。听起来很容易做到,但不经过一段训练是做不到的。最开始一个又一个的想法会跑来分散你的注意力,这很正常,你不要灰心。你尽量不要被这些想法牵着鼻子走——让它们从你脑子里漂过,不要去留意它们,抓住自己的注意力,轻轻地把它引回到自己的呼吸上来,每次都这样做。

---

① 曼特罗:一种神圣的语言形式,在祈祷、冥思或咒语中重复,如呼唤神灵、神奇的咒语或有神秘内涵的经书上的一个音节或一部分。

有些人可能觉得自己需要更系统的指导。如果你认为我以上的介绍不清楚，你想采用数自己呼吸次数(一呼一吸算一次)的办法，你可以从 20 开始，然后往后数到 1。如果觉得这种方法吸引不了你的注意力，你可以从 1 开始数。每次分神了，你就回到 1 重新开始数。比方说我呼吸了三次都没有分神，第四次的时候我开始想："冥想结束之后我一定要记住给莎丽打个电话。"我分神了，所以我又回到 1 开始数。最开始你的注意力只能保持两三次呼吸的时间，慢慢地，你会进步，数的数字越来越多。数数字的办法对我太有挑战性了，我经常失败，但很多人却很喜欢这种挑战。哪种方法适合你，由你自己来定。

我们的大脑是不习惯没有想法的，认识到这一点很重要。所以，最初你不容易做到，但不要批评自己，认为自己做出了努力却没结果。哪怕每次只有几分钟，都应该认真对待。只要坚持，你就会发现自己凝神于自己呼吸的时间越来越长。以前你认为很多想法都是自己大脑的产物，而现在你开始意识到它们不过是一条流经你大脑的河流。你走出这条河，你就会感觉自己从那些想法中解放出来了。你还是你，没有变，只是你不再根据那些想法来定义自己，在某种意义上说，你超越了自己的思想。

如果你曾经是反射思维的受害者，不用我强调，你都会很清楚学会"遗忘"、体验"遗忘"是何等重要。冥想中得到的体验最能让你明白，你不是别无选择——被不安全感所驱使的所有想法，不论有多大的强迫性、多么迫切、多么让你着迷，都只是你的一个选项而不是唯一选项。各种想法，特别是习惯性想法，都是可以遗忘的。只要你完全接受这种看法，你就真正踏上了自我解放的道路。

最后我要指出一点：不要把冥想当成一个追求的目标，或是认为冥想可以让你弄明白生活是怎么一回事。冥想只有一个目的：凝神于自己的呼吸，学会静下来。

自我训练力量练习

三个"遗忘"的理由：让你平静的曼特罗

每当你想把某件事、某种焦虑、担心遗忘时，你可反复想以下三个简单的真理,它们可以帮你调整好心态去运用三种"遗忘"技能中的任何一种。我建议你把这三条真理写在一张名片后面,每当你觉得反射思维在心中盘旋时,你就读,如果有必要你可以反复读,就像念曼特罗一样。

1.让生活展现在面前,生活中会有障碍,但没有绝路。

有时候,当你在生活中摔倒,你会觉得生活中的困难找不到解决的方法。把这些困难看成绝路是不恰当的,你只是遇到了一些瓶颈而已,但不是死路一条。反射思维让你感觉被束缚、陷入困境。不安全感扭曲了你,让你觉得绝望。就像前面所提到过的,如果不安全感让你确信生活无望了,那它就完全把你给控制了。

2.我相信自己的直觉和本能可以帮我。

当你发现自己身陷一条未知、漆黑的道路,你该冒冒险。要说服自己相信自己、相信生活不是件容易的事,但如果你试一试,不要让自己觉得被掐住了脖子,你会发现事情在发生转变。

3.任何问题都有解决的办法,但有时需要等待。

能够理性地认识到任何事情都有解决的办法,这在一定程度上是冒险精神的表现。不安全感让你缺乏耐心,你必须克制自己,告诉自己需要耐心等待解决办法的出现。可是随着焦虑、不安的滋长,你变得越来越不耐心,坚持要找出解决办法,而且是马上就找到! 你不知道或看不到解决办法,并不意味着它就不存在,只是还没有出现。多一点信心,你可以让自己处于一个可能是最有利的位置去创造自己想要的生活。

15 步骤五：自我激发

我还记得去参加女儿五年级的体育比赛。那天的最后一个比赛项目是一年一度的拔河比赛。一根长长的绳子中间绑了黄色的旗，两个组分别在绳子两端列队。随着喇叭里一声令下，红队、蓝队都开始全力以赴地往后拉，比赛开始了。很长一段时间，黄旗一动不动，双方队员都涨红了脸，汗流了出来。最后，黄旗动了，一英寸，两英寸。慢慢地，红队一步一步开始占上风，蓝队处于下风。

可事情发生了：红队的一名队员跌倒了，黄旗向蓝队方向移动了一英尺，接着又是一英尺。随着黄旗的移动，惊恐开始在红队中蔓延，队员们的脸由于惊恐而变得扭曲。红队队员们的手臂好像都变成了果冻，软弱无力，让他们突然间就投降了，被蓝队拉过了线，输了这场比赛。我们该怎样来理解红队的大溃败呢？

要理解上面这场拔河比赛的力量变化原因，不仅要看到红队的溃不成军，也要注意到蓝队的变化。红队队员的跌倒是致命的，蓝队意识到了这一点，情况发生了转变。就在跌倒的这一刻，蓝队的每个孩子得到一种暗示，他们看到了胜利的希望。这使他们充满了力量，让他们找回了信心。在蓝队饱食力量大餐时，红队泄气了。蓝队动力澎湃，当然就胜券在握了。

生活与拔河一样有着完全相同的机制。当你在工作、人际关系、个人能力上觉得自己处于劣势时，你会表现出对情感失去把握，想放弃。这时你在习惯性的迟疑和不安全感面前徘徊，这时掌控策略成了你失望道路上的最后一道防线，你离承认"一切都无济于事"只一步之遥。在这种情况下，你是在与自己的反射思维拔河。

你长久以来一直在苦苦挣扎,一直是红队的一名队员,现在是你加入蓝队的时候了。如何才能加入蓝队呢?改变你的态度。"自我交谈"训练中的第五个步骤是最后一个步骤,它能让你做好准备,抓住生活这根拔河的绳索开始往后拉。我们可以把"自我交谈"中的一个部分称为"延续动作",这其中有两个重要的成分,一个是"激发",另一个是"动能"。

延续动作

如果你曾打过高尔夫、网球、棒球或保龄球,你就应该知道"延续动作"的重要性。在这些运动中,击球或抛球是十分重要的,可是当你击球或抛球后,要想取得最好的效果,你的手臂必须延续出球前的动作,这个动作称为"延续动作"。"自我交谈"需要这个延续动作,才能让你在创造自己想要的生活时取得最大成果。

"自我交谈"中的延续动作可以定义为:你成功摆脱不安全感后应该要做的就是进入"激发"和"动能"的领域。"延续动作"不应该看成是"自我交谈"中一个需要独立完成的部分,而是与前面四个步骤密不可分的一个部分。在前面四个步骤之后做好"连续动作",可以让你摆脱不安全感控制的生活,步入自己想要的生活。

激发和动能:成功的密诀

"自我交谈"的前四个步骤教你识别错误的、造成不安全感的反射思维,从而让你把事实和假想分开,然后你学会阻止一连串失控的反射性思维,最后将它们遗忘。我们的训练本可以到此就结束了,可是我们要对付的是长期存在的、根深蒂固的不安全感,它已经成为一种习惯,不会因为我们对它质疑就走开、消失。我们需要更多时间才能让这些习惯畏缩、崩溃。这是个时间问题,这也是为什么我们需要"激发"和"动能"。

"激发"和"动能"是一对嫡亲的堂兄妹。让自己长期坚持努力而不松懈,你要保持正确的态度和充足的精力。下面将谈到的"动能"是精力方面的问题,而"激发"是态度方面的问题。它们两者之间的关系可以用以下等式来表达：

自我交谈＋激发（正确的态度）和动能（充足的精力）＋时间＝成功

动能

有一个现象多年来一直让体育运动狂热者和教练员迷惑不解：一个队眼看就要输掉比赛、被淘汰，可是就在这样的时刻，某种难以解释的东西会让比赛局势发生大逆转，就像蓝队转败为胜、击败红队一样。这种难以解释的东西就叫做"动能"。

如果你能开发利用自己的动能，你的"自我训练"就一定会成功。字典上对"动能"的解释是：由运动而产生的力量。在我们所讨论的情况中，我把成功看作是运动，把"动能"定义为成功让你感觉到的澎湃的力量和热情。如果你曾经节食，当你站到秤上，发现自己减掉了三磅，或者在健身房锻炼三周后，发现自己腹部肌肉结实了，你一定感觉你的热情、决心和力量在澎湃。在达到这些可喜的结果前，你可能一直没多大热情，甚至机械地埋头做着该做的事。可一旦你看到了结果，一旦有了成功给你带来的动能，你就会突飞猛进。这就是为什么成功越早到来对自己越有利。

"自我训练"成功的关键在于让自己尽早体验成功的喜悦。为此，你应该从一些难度小、冒险性低的挑战入手。詹妮弗是一个33岁的自由撰稿人，我们谈到了如何让自己得到一点动能。在对前面四个步骤很清楚的情况下，我和詹妮弗找准了她该从哪下手，以便让自己得到一点成功的体验。我问她具体想让自己的生活有点什么改变，她回答道："我想从我的婚姻开始入手。拉里完全失控了，变得满口脏话。我想我就从这里下手。"

我让詹妮弗勇敢地去反抗拉里，因为她需要增强自己的动能和信心。（顺便说一下，信心是动能的一个副产品，当你感到了动能的力量，你的信心也就随之增长了。）詹妮弗是个不安全感很强的人，对自己所有的决定她都有表现出怀疑的倾向，所以我认为在她去面对拉里前，让她先体验一下成功滋味是明智之举。于是我建议先针对她的怀疑倾向下点功夫："我们谈论过你的不安全感,谈过你批评自己、怀疑自己做出的所有决定。我要你实现你这个星期的目标:不要纵容自己的不安全感。"詹妮弗意识到我的家庭作业的实用性,同意按我说的去做。

一个星期后,一个充满活力的詹妮弗告诉我:"我做到了!我真的做到了!我一个星期都没让不安全感出现,把它忘了。前几天,我遇到我的一个邻居,她直率地告诉我,她不喜欢我新车的颜色。如果是几星期前,我会心烦意乱想自己是不是犯了错误,我会让自己发疯的。这次,我牢牢控制自己,坚持跟自己说:'那是我的不安全感,我要阻止它。'这只是一个星期中的一个例子,我还遇到很多类似的事。用我自己的话来说,这个星期我很莽撞。"可以看出詹妮弗充满了力量。

詹妮弗振奋了,她已经拐过弯来了,她有了动能。从这一刻起,事情就会变得容易了。她对"自我训练"有了不可动摇的信心。她最先迈出一小步,然后步幅越来越大(从阻止不安全感、不与丈夫争斗到敢于说实话,等等),一旦她鼓起了十足的动能,她就会打响一个接一个更大的战役。她上了夜大,还最终决定拾起搁置已久的理想:成为一名英语教师。她还勇敢地面对拉里。我最近听说她和拉里在进行夫妻婚姻咨询,而且进展还不错。詹妮弗的动能和力量正带领她朝着自己想要的生活走去。

以简单的成功起步

动能可以让你获得新的能力和新的自我,并让你树立信心。你最初迈出的脚步无论步幅多小,都会让你觉得害怕。不要忘了,丢掉掌控思想,你会像一个惊恐的滑雪新手第一次从山上冲下。可任何有滑雪经验的人都会告诉你,只要你学会一系列"之"字形横越,任何山峰都不再是挑战。对付其他事情也是同样的道理,只要你把事情分解成一个个切实可行的步骤,这些事情就不会再大得让你不知如何下手。

即使你现在清楚了你要做的事情没有那么可怕,在此之前你还是要做好以上各步骤,这是你信任感上的一次飞跃,你需要一点勇气。这就是为什么你需要动能来给自己补充力量,以便自己坚持到底。你应该理解,你的目标不只是打几场胜仗,你的目标是坚持到底,不懈努力,直到最后胜利——获得你想

15
步骤五··自我激发

要的生活,这种生活属于你而不属于不安全感。

这就要求我回到前面提到过的一个重要问题:时间问题。永远不要忘了,破坏你生活的不安全感已经是你的习惯了,它伴随你度过了生活中的大部分时光。毫无疑问,不安全感形成的这些习惯会抵抗你做出的努力。随着战果的不断扩大,你开始成为这些顽固习惯最可怕的敌人。等到时机成熟,也就是当红队跌倒时,就该你拉紧拔河绳,一次就拉到位。这就需要动能,还要加上一些成功给你带来的鼓励。

"激发":不只是积极的思想

大部分第一次接触"自我交谈"的人往往误认为"自我交谈"就是"积极的思想"。经常有人在听了我一次课之后跑来跟我说:"我努力让自己有积极的思想,但是没用。"我尽力让他们明白,"自我交谈"用更有力、更自信的想法去代替错误的想法,但它并不仅仅代表积极的思想,有了积极的思想你只成功了一半,另一半成功来自于积极的信任。

你该告诉自己光有积极的想法是不够的。即使你积极的想法是以事实为依据的,你也必须找到一条途径去相信这些积极的想法。我常听人说:"我告诉自己:我聪明、有才,我意识到自己总能把工作干好。可为什么我还是没有安全感呢?"如果你想改变自己的生活,积极的思想是不够的,这就是为什么很多旨在起"激发"作用的计划和很多自助书籍最终都让人们感到失望。书中的话再有力也不可能让你改变,只有你相信这些话,它们才会对你起作用。这个道理是我几年前明白的。

改变我生活的四个小时

1988 年 11 月 6 日的曼哈顿下着毛毛雨,天阴沉沉的。在那个阴沉的早上,27 000 人列队参加纽约的马拉松,我是其中一员。到处是一片壮观的场面:哈得逊河面上的救火艇向空中喷出红色、白色、蓝色的水柱,电视转播直升机盘旋在空中,发出鸡蛋搅拌器般抑扬顿挫的声音。来自 90 个国家的 27 000名参赛者的身体并成一张不安的地毯,充满了力量和兴奋。这是一次令人振奋的经历,刺激人们肾上腺素的分泌,到处是供运动员饮用的瓶装水,人们六个月的期待就要成为现实了。

枪声终于响了,我们开始了 26 英里的长途跋涉。我情绪高涨,完全没有注意到雨已经下起来了。在一片喧闹和兴奋中,我没有注意到我的脚已经湿透,脚后跟磨起了水泡。4 英里后,我跑到了布鲁克林(纽约市西南部的一区),脚上的泡以一种灼热的刺痛引起了我的注意。脚上的一个水泡在你看来可能不算什么,可 26 英里的路程才跑了 4 英里就已经痛了,这个水泡的问题就大了。可我为这次比赛准备了好几个月,我决定坚强点,不去在意伴随着鞋的咯吱吱声而产生的剧痛。跑上皇后区普瓦斯基桥的小斜坡时,路程已经过半,我发现了一件比脚上的水泡更让我担心的事。我受过训练,知道如何分配自己的体能,可由于兴奋,我比预计的要跑得快,我开始感到极度疲惫,腿也变得僵硬了,可还有 13 英里在前面啊。不论是跑还是走,还有 13 英里才能到达中央公园。沮丧开始潜入我的心中,我觉得绝望,难以自拔。六个月的训练、计划和牺牲,不能就这样结束了。可坦率地说,我那时唯一的想法就是放弃。

现在想起来,放弃比赛是那时最有可能出现的结局。可就在我想放弃的那一刻,我注意到了一幢公寓楼侧面挂着的一面旗,可能有两层楼高,旗上面有著名的耐克公司标志"✓",还有"只管去做"(Just do it)几个字。我不知道这面旗是不是耐克公司专门为这次比赛准备的,这是我第一次看到这句话。在不利形势的迷雾中,我读着这句话,我开始微笑。在我意识不完全清醒的情况下,我思考着,我的心理发生了变化,这句话在我心中扎根——只管去做!我发现心中有一个声音在对我说:"是的,就这样!乔,不要悲哀,站起来,只管去做!"这话说得完全有理。在那样的时刻,我完全、彻底地相信了这句话向我展现的简单道理,它像一种魔力,把我的疑虑砍成了碎片,这些疑虑成了该抛开的无用的、孩子气的想法。每次我的注意力集中在脚上的剧痛和腿部肌肉的灼伤时,我就责备自己,努力坚持——只管去做!

我体面地只用了四个小时就跑完了全程。尽管赛后不适,我还是兴高采烈的。想想我在 13 英里处的感受,我最后还是坚持跑完了全程,真是令人不可思议。不是因为我想着"只管去做"这句话让我跑完了全程,而是因为我愿意相信耐克公司这句话中传达的简单道理。当你把积极的想法与完全的信任结合到一起,奇迹般的结果就会出现。这种"激发"效应可以用以下公式来表达:

50%的积极想法 + 50%积极的信任 = 成功

自我怀疑、消极思想、不安全感会组成一个稳固的三角架,让你难以将它推倒。要想成功,你必须挑战支撑三角架每条腿的思想,敢于相信事实。"激发"自己对我来说就意味着信任(或者敢于信任),信任自己有能力去做自己准备要做的事,信任自己可以迎接生活中的挑战。当你利用这种信任态度,相信自己能做到,那你就能真的做到! 下面四个事实可以让你产生一种信任感,长期支持你、激发你。

1. 痛苦。你在生活中苦苦挣扎,很痛苦。你的生活中充斥着不安全感和掌控思想,你受够了,你厌倦了与它们的斗争,这就是一种"激发"你的力量!

2. 意识。你必须完全意识到自己的生活是什么样子,怎样改变生活,而且你必须意识到自己有能力改变自己的生活。你的掌控思想和习惯会让你失败。看清自己的生活可以让你认识到:所有的习惯都是后天获得的,是可以打破的。这是一种"激发"你的力量!

3. 成功。你取得的成功越多,你得到的自信和动能越大。它们能鼓励你去拥抱正确的态度:自愿相信自己有能力把掌控思想遗忘。这是一种"激发"你的力量!

4. 喜悦。当你敢于遗忘掌控思想,敢于相信自己,你就会体会到喜悦,你就再不会用这种喜悦的感觉去交换那种你曾熟悉的、狭隘的、充满痛苦的生活了。这是一种"激发"你的力量!

完善"激发"机制

当你激发自己的时候,很重要的一点就是你要认识到不安全感永远不会很容易就走开、消失。不安全感随时都在寻找你的弱点。你必须警惕,保护自己免遭不安全感对你的蓄意伤害。请看下列典型的、会使你的自我"激发"机制减弱的不安全感伤害性想法,并请仔细研究列表中相应的训练方法,它们能帮你度过难关。

伤害性想法	主动性训练
是的,但……	不要说"但",只说"是"!"但"是自我怀疑的同义词,不要让不安全感淹没你的积极思想,从现在起敢于只说"是"。
要是……就好了	我什么时候变得如此无能?空坐着希望事情变好不如行动起来。期盼就是犹豫,我不能再犹豫!
我不能……	又想阻止我?谁说我不能?不要再有这种习惯性想法了。"我不能"只是我的感觉而已。事实上,我能,我一定能!
我应该……	不要再强迫自己。该谁来掌控我的生活?是时候了,我该想清楚自己想做什么,而不是自己应该做什么。
我必须……	谁说的?我有权决定自己的目标。从现起问题不是"我必须"而是"我想做"!
如果……该怎么办	我又这样了,总是产生悲观、消极的想法。如果我认定自己可以解决生活抛给我的一切包袱,我就不必再担心"如果……该怎么办"了。
我不够聪明(不够漂亮,等等)	不要再找借口欺骗自己了。是承认事实的时候了,不要再躲在软弱无力的虚假之辞背后了,尝试是了解真相的唯一途径。
这太难了……	可怜的孩子!难又能怎么样?只要用心,我就能做到我想做的。还没尝试就放弃,我不想再这样了!
没有一件事情证明我是对的	从现在起,身后的东西对我来说不重要,重要的是摆在面前的。我不会再把自己想成一个失败者了!

"激发"训练

"自我训练"坚持的一条原则就是:你具备一切必需的条件。由于自我怀疑、缺乏自信和不安全感,你使自己远离真正的力量之源。夺回力量的唯一办法就是将它拿到手。如果你知道自己能赢,如果你制订了计划,如果你知道自己的计划可行,还等什么呢?一个好的教练会接手一个垂头丧气的球队,然后为队员制订一个切实可行的计划,这个计划将用理智、客观的态度来战胜怀疑态度所造成的障碍。一旦这样的计划制订出来,教练就可以燃起队员心中的热情之火——激发他们,增加他们的动能。

你既是教练又是运动员。你为自己点燃的火星来自你相信的一个事实:相信自己可以改变生活。你已经掌握了创造自己想要的生活所必需的五个步骤,接下来唯一需要做的就是让自己有一种强烈的愿望——亲身体验成功喜悦的愿望。只要你拥有了这样的愿望,你再问自己一个问题:"什么东西还能阻止我?"答案是:什么都阻止不了你!没有任何东西会挡在你的道路上:永远没有!

自我训练思考

"激发"自己不是神秘的事情。它就是在愿意相信自己有能力改变生活时,你所感觉到的一种力量。

第 4 部分

让"自我训练"的力量与你的生活相伴

16　现在看你的了

　　是我退到幕后让你检验自己自我训练能力和力量的时候了。既然你已做好准备,要把学到的付诸实践,我没有必要向你保证会出现什么好的效果——效果如何,试了你就会知道。你做好了准备,并具备了从不安全感手中夺回自己生活的能力,还有什么效果能比这个好呢?

　　我不能保证你能取得成功、得到幸福,但你能! 有了坚持"自我训练"的态度,你一定能做到! 要记住,反射思维已经根深蒂固,改变反射思维一开始都会让你觉得不自然,但幸运的是,这种不自然的感觉只是暂时的。一旦你品尝了自然、自信的生活,你就不会再走回头路了。生活的另一面墙是快乐之墙,生活在这堵墙内是令人振奋的。耐心点,坚强点,坚持"自我训练"计划。你的生活质量取决于你!

整理思路

　　我想改变这个世界。但是我发现唯一有把握改变的就是我自己。

　　　　　　　　　　　　　　　　　　　　　　——阿尔道斯·赫胥黎①

　　想象自己在一个封闭的庭院里成长,院子四周都是二十多英尺高的石头墙,从出生起你就没敢走出过围墙。你看到的只有四面墙,墙上的天空和天上交替出现的太阳、月亮和星辰,偶尔看到雨或雪、几只前来探访的鸟儿、风偶尔吹来的树叶。如果我问你对生活的看法,你会耸耸肩,坚持认为这个世界是个无聊的地方,没有什么机会可言。你可能还会说,你觉得很安全,但因为缺乏

---

① 阿尔道斯·赫胥黎(1894—1963):英国作家。

对生活的激情和兴趣而感到痛苦。你一定不会忘记向我倾诉你无穷无尽的无聊,这种无聊有时让你觉得忍无可忍。但我相信,大部分时间你都处于极度的痛苦中,觉得孤独、没有可以亲近的人。

生活在上面的这种环境中,你所说的一切都是真实的,这是由你封闭生活状况所决定的事实。说你的现实感被扭曲了不太恰当,只能说是被限制了。这种受限的眼界与掌控思想给你造成的结果完全一样。它限制你的眼界,让你确信这个世界没有太多的选择,你在这个世界上就像一个因犯一样——不自由、无助。你的反射思维就像那个四面高墙的院子一样。我希望读到这里,你能明白在这个院墙外是另一个世界,一个你可以有很多不同选择的世界。我相信:一旦你离开了这个监狱般的生活,你就不会再想回去了。

习惯和掌控:改变的关键

改变需要行动而不是思考;改变需要主动而不是被动;改变需要热情而不是冷漠;改变需要看清事实而不是接受假想。而最重要的一点是,你必须认识到改变只能依靠自己而不是其他任何东西,你可以不接受这种认识,但如果你不能担负起改变生活的全部责任,就不要希望得到太多的回报。

从本书一开始我就想实现一个愿望,希望通过此书让你确信:你长期以来想掌控生活的思想已经变成了束缚你的习惯,带给你不快乐、充满困境的生活。习惯和掌控是你生活的敌人,弄清这两个概念,你可以相信任何问题,不论大小,都不可能再让你疑惑不解。让我们先回顾一下这两个概念吧。

习惯

一些问题是生活环境造成的(这些问题是现实性的问题而不是由不安全感造成的,例如,失业、生病或者税务审核人),抛开这些问题不谈,我们来看其他的一些问题:生气、压力、不快乐、效率低下、孤独、焦虑、恐惧症、惊恐或沮丧,这些问题实际上都是由不安全感引起的。我要重复一下,这些都是不安全感让你养成的习惯。进一步说,习惯都是后天养成的,任何习惯都可以破除。

对来治疗的人,我首先要做的就是消除不安全感对他们的影响。以惊恐为例,当他们告诉我,他们感觉何等的失控、疯狂或者没法应对生活时,我的反应与他们紧张激动的情绪形成鲜明的对比,我以一种轻松、平静的方式回答他们:"我能看出你有多害怕,但你能意识到自己的焦虑只是一种习惯吗?"从一开始,我的工作就是对抗与不安全感习惯有关的伤害性、甚至歇斯底里的情绪。(你怎么样?你已经尝试过前面的五个步骤了,有没有注意到自己不太愿意夸大自己的问题了?)

没法应对生活,这是不安全感造成的一种夸大了的感觉,我一次又一次地想减少这种感觉。唐是一个二十五六岁的建筑工人,身体很强壮。他有一段时间持续担心焦虑,睡不着觉。我们第一次交谈时,我对他的情况并没有表现出很着急,这使他很不安:"但是医生,我认为你不理解我,我感觉我要疯了,我再也受不了啦!"我以一种老道的平静回答道:"你的焦虑成了你的习惯,让你感到疑惑,让你相信自己没法应对生活。事实并非如此,只是你的感觉而已。习惯能很容易扭曲你对事物的看法。一个戒烟的人感觉自己不抽上一根烟就会死,你信吗?你认为这个人会死吗?你有没有觉得是尼古丁在作怪?就像那个戒烟的人一样,你必须弄清楚是谁在说你没法应对生活?是你自己,还是你的不安全感习惯?"

每次有人想让我相信不安全感所造成的问题真的存在时,我的第一个反应就是倔强地泼出一盆冷水把火浇灭。对那些杞人忧天的恐惧和忧虑,我都不会太在意,我的态度是打消这些反射思维:它只是习惯而已!对我表面上这种冷漠的态度,很多人一开始表示抗争(因为对他们的感受做出的正常的直觉反应不该是这样的),可当他们打心眼里认识到自己心理痛苦挣扎就是一种习惯时,我的态度所起到的效果是惊人的!这个时候,他们会认识到:"嗨!或许我真的可以发生转变,我能对付自己的习惯!"

我希望从今往后你都能有这样一种态度。你应该习惯用一种毫不夸张、冷静的态度去挑战狂乱的、消极的、失败主义的思想:"不论我的感觉是什么,我清楚这种感觉是一种习惯。"

有时候,如果有人告诉我生活如何艰辛,他们从来感觉不到快乐,我会用另种方法来回应他们。为了使他们印象更深刻,我想办法让他们嘲笑自己荒谬的奇思怪想。如果你被荒谬、幼稚的不安全感习惯所左右,尽量嘲笑(越大声效果越好)自己继续相信这些胡言乱语是多么滑稽可笑。

当你对习惯性想法采取一种轻松、不当真的态度时,你就能更好地发现在它们给你带来的痛苦中,有一种幼稚的、孩童般的东西。如果把它们太往心里去,你注定会抱怨、哭泣、夸大自己的痛苦。大部分人对习惯性想法的胡言乱语过于在意了。如果你决定节食,你觉得抱怨自己痛苦不堪有用吗? 如果你是一个自寻烦恼的人,你会告诉我你担心自己会心肌梗塞、担心自己被炒鱿鱼、担心自己找不到情投意合的伴侣,这些对你有什么好处吗? 不要再抱怨自己找不到工作,找不到丈夫或者抱怨没一件事能让你满意。相反,你应该问自己:我为什么要听命于自己的不安全感? 如果你诚实的话,你得出的唯一结论就该是:任何理由、任何真实而客观的理由都不会扭曲事实,只有不安全感才会扭曲事实。

你可以嘲笑自己荒谬,可以意识到自己的习惯是孩子气的,可以认识到习惯是可以破除的——我不在乎你采取哪种方法去纠正自己的反射思维,无论哪种方法,你要做的就是转移自己的注意力,要做到这一点,你可以借助转换频道、让自己莽撞大胆些,也可以运用在冥想训练中学到的技能。

破除习惯的四种方法

1. 开始培养一种轻松、不过分在意的态度来对待痛苦的经历,缩小而不是夸大它的重要性。焦虑只不过是一种习惯! 抑郁只不过是一种习惯! 感觉失败只是一种习惯! 忧郁只是一种习惯!

2. 注意习惯性想法的长期性,以及它与孩童时代的关系。告诉自己:如果我把这些想法大声说出来,别人会笑话我。当你为无法应对生活而抱怨哭诉时,你得承认自己是多么可笑。

3. 通过自我交谈让自己产生清醒的认识。是你用事实取代假想的时候了,你现在该意识到没有必要去掌控生活,只需要勇敢地生活!

4. 用新的观点和看法武装自己,行动起来打几场漂亮仗。从一些小问题着手,给自己增加一点动能,增强一点信心。

拿一两天的时间去仔细倾听其他成年人交谈(一开始,你会觉得更容易从别人的谈话中注意到习惯性想法的孩子气特点)。数一数有多少次你会听见一个完全正常的成年人像惊慌失措、脆弱无力的孩子一样说话:"这我没法做,太困难了,我不够坚强,我做不到的!"或者"噢,上帝啊,如果他不跟我说话我该怎么办啊? 我的生活就毁了。"或者"我太郁闷了,别理我,我需要一个人独自待会儿。"认识这些孩子气的特点有助于你认识这些习惯的起因。当不安全感左右你的时候,倾听自己的想法,就像在时间机器中旅行一样——回到自己的童年,回到那个铸就你习惯的地方。

认清自己的问题在于一些坏习惯可以让你改变所有的看法。"习惯是后天养成的,习惯是可以破除的",我希望你已经厌倦了我的唠叨,因为你已经在自己或者别人的生活中认识到了这一点,无需我赘言。习惯是由条件反射形成的行为或思维模式。习惯已经变成你无意识的东西,你必须利用自我交谈给自己注入些清楚的意识,如果这一开始让你觉得不自然的话,那仅仅是因为对生活做出条件反射式反应已经是你的习惯了,而绝不是因为这种条件反射是有道理的。

该死的虱子,滚开

有时候,利用一些比喻是有好处的。把习惯想成是寄生虫,而你是寄主。一种习惯(假设它有意识的话)是不想被消灭的,它想活下来——当然是以你为代价活下来! 你的习惯需要你,只有你才能让它生存下来。为了生存,你的习惯必须控制你的思想,它采取反射思维的方式来控制你。一旦反射思维取得主动,它就成功了。你的习惯吸干了你生活必需的精力,从而变得越来越强壮。

这就是为什么常有人说:"我不理解,我一直好好的,可上个月开始我突然变得焦虑,以前从来没这样过,可现在我成了一个废人。怎么会突然这样的?"其实这不是突然之间发生的,你的习惯滋生然后变得繁茂,到了临界点——砰的一声！它就完全控制了你。更有可能的是，你的习惯已经经营很多年了，只有当你满载了以后，你才意识到你的生活已经倾斜了。

上星期我的狗露露脖子上有个东西，半英寸长，呈蓝灰色的圆柱形。最初我想是长了块赘肉。我戴上老花镜凑近看，才发现这个东西底部还伸出黑色的脚——哈哈！不是赘肉，是一只扁虱。我把这个畜生拽下来时，它很顽固，不愿离开露露，这给我留下了深刻的印象。扁虱是一种寄生虫。你的习惯就像它一样——顽固、不愿意离你而去。不要再喂养你身上这些寄生虫了。

毫无疑问：习惯像扁虱一样顽固。你需要花时间付出努力才能让它们松动。你只管记住：除了你的不安全感习惯，没有别的任何东西可以阻止你得到你想要的生活。

简单对待掌控思想

据说 14 世纪哲学家和圣芳济会的修道士威廉·奥卡姆进一步发展了节俭原则，该原则认为"两种相互竞争的理论或解释，在其他因素都一样的情况下，简单的那个更可取。"根据奥卡姆的剃刀原则（这是现在这条原则的通俗名称），如果昨晚一场猛烈的暴风雨袭卷了你的住所，早上你发现地上有一块屋顶板。那么，最简单的解释是风把它刮到了地上，这种解释只包含了一种假设。但如果你坚持认为是外星人想入侵你家，木板是外星人弄下来的，而这种解释就包含了很多假设（其中第一个假设就是承认有外星人的存在），而且这些假设都必须最终得出一个一致的结论。

说到地上的屋顶板问题，不用考虑就应该得出答案——是风造成的！我认为节俭原则同样适用于心理学。最简单的解决办法就是认识到掌控思想是你的核心问题——对此无需进行任何理论性争辩。如果你的生活停滞不前，如果你在苦苦挣扎，你只需问自己一个简单却重要的问题：我在试图掌控什么？当你发现自己在担心男朋友会对你说什么时，问自己："我在试图掌控什么？"当你觉得自己是个失败者，所以想在办公室时尽量打扮得漂亮些，这时，问一问自己："我在试图掌控什么？"或者，你认为邻居会生你的气，你就尽量避开他,这时,再问一下自己:"我在试图掌控什么?"

当你因为自己不能应对某事而烦恼的时候,你为怀疑和不信任提供了沃土,这片沃土会让反射思维枝繁叶茂,你对这点应该有清醒的认识。表面上看来,掌控权是混乱局面的阻滞剂:"如果能让他们都像我一样,我就没什么可担心的了。"可事实上掌控生活最终只会导致生活混乱,可能不会是今天或是明天,但终有一天你会被弄得疲惫不堪,你的生活会底朝上。我希望现在你已经清楚地认识到掌控生活只能是一种幻想,不是一个切实可行的目标,追求这样的目标只会给你带来麻烦。

现在如果你遇到为难的情况,你应该知道怎么做了吧——你应该习惯问自己:"我现在的心理状况是不是与掌控思想有关?"如果你不问,如果你不想把问题简单化,你往往会误入歧途:"我没打那个电话是由于我担心。"你错了,原因不在于你的担心、你的沮丧,也不在于小时候妈妈惩罚你的方式——不要把问题复杂化了。真正的原因很简单:你努力想掌控生活,为此你苦苦挣扎。努力想去掌控生活,这是造成你焦虑不安的首要原因。

掌控思想会对你做出一些具有诱惑力的承诺,如果深陷其中,你会遇到更大的麻烦。我曾经看到有人在汽车保险杠的贴纸上写着"我怎么会在这个提篮里啊,这是要把我带到哪去呀?"如果你向掌控思想投降,你就别无选择了,只剩下强迫感、担心和疑虑——你就会像贴纸上所说的那样,被装进篮子,被直接带到地狱。

持续太久的苦苦挣扎

每个人偶尔都会遇到一些长期难以解决的问题,这些问题会让人觉得绝望、无助。无论是长期找不到爱情、事业不成功,还是长期郁郁寡欢,只要陷入这种永无休止的苦苦挣扎中,你就会失去对未来的希望。不久前,我在电视台做了一个热线节目,讨论的话题是我们这个纷乱的时代中的焦虑问题,下面一段话出自一个精神狂乱的热线观众:

> 我的妻子是名军人,她现在去了伊拉克,把我和两个年幼的孩子
> 留在家里。我知道要应付两个才刚会走路的孩子不是件容易的事,

可没想到会这么难。我已经不知道自己还能不能应付这种局面了。我白天工作,下班把孩子从托儿所接回来,然后喂他们吃,陪他们玩,给他们洗澡,一刻不停地忙。我从来没有担负过这么多责任,我不想让妻子担心,可我真的应付不了这局面了。孩子们总是哭着问妈妈什么时候回家,我都已经不知该跟他们怎么说了。我想大叫,可我不能,我不够坚强,我该怎么办啊?

显然,这位热线观众惊慌失措了。长期存在的压力很大的问题,一定程度上会让我们在体力及精神上都衰竭。此情况出现时,你会慢慢变得失去弹性,你感觉自己好像要发疯了(失控了)。在这种情况下,阻止自己进一步的衰竭刻不容缓。我尽力让这位观众认识到,在妻子不在家的情况下,他现在的首要任务是重新正确地去看待事物,以便恢复自己的弹性。

这位观众不能把所有的事情同时混在一起来对待、处理。当面对危机时,我们往往会让恐惧、担心、期盼、疑虑一拥而上蒙住自己的眼睛。在这种情况下,我们需要做的就是采取一种有系统的、有节制的方法,让自己重新找到平衡。我建议这位观众从现在起,每次只关注手头上正在做的事情,不要去担心如何面对明天的事情。如果他在喂孩子,那他就不要去想一会儿怎么让他们上床睡觉的问题。

每次只注意一件你可以应付的事情,你就不可能让反射思维进入你的大脑,也就不会担心"如果……那该怎么办"。当然,对自己说:"我会把事情处理好的——每次只迎接一个挑战",这是你自信心的一次飞跃。我告诉那位观众,这个冒险会让事情完全改观。关注自己应该完成的任务,不要满脑子都是"如果……该怎么办",这会让你应对生活时更得心应手。要做到这一点,最大的挑战是培养自信,要敢于相信:假如明天来临,你可以做出很好的应对! 你拥有自信的那一刻就是你焦虑消失的时候。

有时,你会面临一些突如其来的危机——比如你的上司得知你在背后说他坏话——这种情况不过是如何走出不利冲击波的问题。可对待长期、持续的困难就不一样,你必须具备更加训练有素的心理素质。要让自己具备这种适应能力更强的心理素质,你首先要认识到一个客观事实:人类拥有生存的本能。只要不被反射思维所困扰，我们天生就具备应对任何挑战的能力。

想一想：你还记得昨天的问题吗？上个月的呢？去年的呢？这些问题都怎么样了？它们都到哪去了？它们就像一个拳头，一旦松开拳头，它们就消失了。你在生活中曾成功地克服过无数的困难，成功地接受过无数的挑战，不管用什么方法，你经历了这些困难、应对了这些挑战。你没有放弃（如果你放弃了，你也不会读这本书了）。可不安全感让你忘记自己曾成功解决过的问题，它只会让你对自己说："这次不一样，我不知道能否处理好这件事。"

从现在起，不要再对自己枉下断言。按我给那位观众的建议去做，开始关注自己手头的任务。然后利用自我训练阻止连续不断的反射思维，不要让它不断提醒你生活中的失败。相反，你应该做的是抛开消极的思想，对自己机会的真实情况做出客观的评价。请不要对自己说没有机会，也不要说自己别无选择。

朱莉刚满 40 岁，是一个单身女性，曾接受我咨询。她觉得有很多选择——不过都是负面的。

> 我 40 岁，单身。开始有白头发了，皮肤都开始松弛了。头发也和以前不一样了，越来越不好梳理了。上年纪了，情况会越来越糟的。很长时间我的心情都不好，但现在真正让我不开心的事出现了，没有什么事情能让我的生活发生改变了，我 40 了，明天睁开眼睛就 40 了。生活与我擦肩而过，前面的日子一片漆黑。

我让朱莉想一会儿，想象自己现在 50 岁了。然后我让她告诉我，如果又回到 40 岁她会是什么感觉。朱莉回答道：

> 让我想想，如果我 50 岁了，我猜我想说的第一件事就是："要能回到 40 岁，我愿意放弃一切。"实际上，你问我这个问题很有趣，因为前几天我才跟自己说过："要能回到 30 岁，我愿意放弃一切。"你也知道，如果我 30 岁，我可能还是会说同样的话。我知道你想告诉我，总有一天我会以不同的眼光来看待自己目前的状况，不再那么消极。我也知道这是真的，可是我并没有因此而感觉好些。

因为朱莉的任性,我没能让朱莉感觉好些——但她还是想知道自己的生活什么地方出了问题。她的一部分问题在于她在玩掌控的杂耍游戏——她出于害怕而不现实地、徒劳地想掌控生活,目的是为了死死抓住青春不放。听起来很幼稚(你应该知道,掌控思想总是很幼稚的),但她还是想拥有永不衰老的魔法。幸运的是,朱莉这种固执的想法——这种孩子气的想法——没有持续太久。她的眼界开始放开了。她认识到自己的问题不在于自己 40 岁的年龄,而在于不安全感充斥了她的头脑,让她认为 40 岁意味着世界末日。她开始在生活中培养更多的兴趣,抛开恐惧和消极的想法,勇敢地向前看,朱莉不再揣测未来。

我打赌你一定知道我接下来要说什么。我认识朱莉已经五年了。我刚收到她和她丈夫的照片,他们站在埃菲尔铁塔前面。朱莉在笑,我也笑了。我忍不住想:我告诉过你,你会笑的!

自我训练思考

过去不可能主宰你的未来,除非你允许它这样做。

碑文中的寓义

生活意味着改变,生活意味着选择。只要你的心态不局限于那个四面高墙的庭院,一切都好办。是"生活意味着选择"这个理念首次点亮了我的生活。在读研究生时,我加入了 PIG(个人统合与成长)小组。我们小组正在讨论死亡、垂死以及其他一些掌控恐惧,组长问了一个相当尖锐的问题:我们该在自己的墓碑上写些什么呢? 这个问题让人很不安,可是很吸引我。

我做了一点调查,发现埃德加·爱伦·坡①的碑文是这样写的"乌鸦说:'永不再!'"威尔·罗杰斯②的墓碑上写着:"我从来没有遇到过我不喜欢的人。"我该如何来总结自己的一生呢? 想了几天之后,我突然想起了该写什么。

---

① 埃德加·爱伦·坡(1809—1849):美国作家,以其阴森恐怖的诗歌如《乌鸦》(1845 年)和短篇小说如《厄舍大宅的倒塌》(1839 年)等而闻名。

② 威尔·罗杰斯(1879—1935):美国著名喜剧大师。

我决定在自己的碑文里写："但愿在这里读碑文的人是我"。

我想通过这句话告诉世界我喜欢生活。生活意味着选择，而死亡无法选择。当生活给我设置无数障碍时，我告诉自己，我还活着，只要活着就有希望。如果我觉得没有希望，我就想各种办法改变这种状况。当然，总有人抱怨生活不如意，说他们在努力改变生活。可是，只有他们进了自己想进的大学，找到了想要的工作，嫁了如意郎君，他们才会满意高兴。如果你的满意高兴总是在山的另一边，为你着想，我希望你有一双好的登山鞋。

自然、无拘束的生活必须有信任感。要将掌控思想拉下神坛，要想自然地生活、不对生活妄加揣测，这是要有点冒险精神才能做到的。这在你看来是一种莽撞的生活方式，因为你自我信任能力的唯一源泉是你的反射思维。但是，只要你摆脱掌控思想，走出做作的生活方式，进入一个轻松的崭新世界，你就会明白为什么没有人再想回到那个四面高墙的院落，没有人再想回到刻板、充斥着掌控思想的过去。

在我从碑文这个令人毛骨悚然的话题转移开之前，我想提及一个他人新近转发给我的邮件。邮件提到了一个人，他在一份悼词中指出，墓碑上记录的生死日期并不重要，真正重要的是两个日期间的破折号——这个符号代表一生所发生的事情。你生命中破折号所经历的年代不会出现在墓碑上，这就意味着你还活着，还有能力创造适合于自己的破折号，自我训练可以让你做到这一点。

现在就平静

自我训练不可能改变你所有的生活状况，但它可以改变你的生活经历。无论你抱有多少幻想，无论你多么努力地寻找，你都不可能得到万事无忧的生活。生活对每个人来说都是一种挑战。天有阴晴，人有祸福，生活也不可能一帆风顺——它是一种挑战。生活也是一种机遇。如果你坚持认为生活"应该"不一样（而不是自己变得不一样），那你还是在痴迷地追逐那道虚幻的彩虹。

掌控思想在你的耳边不停地告诉你，如果你可以再做得完美些、再多些忧虑或许再狡诈些，你就可以避开一切困难了。不错，掌控思想难以捉摸，具有诱惑力和说服力,甚至能对你进行催眠,可是你应该清楚我的观点:掌控思想就是寄生虫,会吸干你的精力! 要找到生活的意义和快乐,你必须找到平衡。有了平衡,就有了平静。

自我训练的目的就是让你恢复自信和对生活的信任感,让你自愿地相信自己有能力应对生活向你抛出的任何问题。能应对生活、应对生活的方方面面,这就是最大的成就。掌控思想最大的一个卖点就是它让你相信只要尽力,你就可以避开一切对你构成威胁的事情。现在你应该对此有清醒的看法了。你有能力摆脱逆境,只要你具备信任感,你就不需要知道自己该如何做、该做什么。如果偶尔跌倒,你深知自己要做的就是拍拍身上的灰尘,重新站起来。

一旦你认识到自己不必逃避生活,你就能够理解"平衡"这个概念了。不论你付账单、打扫清洁,还是勇敢抵抗威胁恐吓,你都在承担责任,而只有在生活中找到平衡,你才会愿意去承担这些责任。承担责任就意味着你愿意接受生活。只有小孩,还有像小孩的成年人才会逃避责任。不论生活是好是坏,你都接受,都直接去面对,这才是成熟的表现。

你可能听过莱因霍尔德·尼布尔①的对平静的祈祷:

> 上帝,赐予我们优雅吧,让我们能平静地接受无法改变的事实;赐予我们勇气吧,让我们去改变那些应该改变的事情;赐予我们智慧吧,让我们分清事物间的区别。

让我们先来看看这段祷词提出的第一个挑战吧:让我们能平静地接受无法改变的事实。每个人的生活中都有很多困难。每个人都有生理及心理的局限性,都要完成各种任务、承担各种责任,都必须生活在特定的生活环境中。我们常常身处逆境,于是陷入自怜,感觉为生活所害。我几年前遇到了罗丝,她 20 刚出头,她的悲剧是一个醉酒司机造成的。脊柱永久性的损伤使她只能以轮椅为伴。她告诉我,她最大的敌人不是自己的残疾,而是自怜。自怜的另一个表达方式就是"拒绝接受"。平静地接受无法改变的事实是我们的最终目标,只有实现了这个目标,你才能自由地在生活中前行。

---

① 莱因霍尔德·尼布尔(1892—1971)是 20 世纪美国最有影响力的基督教神学家。(译者注)

祷词提出的第二个挑战是：让我们去改变那些应该改变的事情。整本书我都强调敢于信任的重要性。信任的先决条件是勇气。勇气是一种决心，它能让我们敢于应对危险、害怕和困难。勇敢抵抗掌控思想是一种让人真正恐惧的经历，但是只有这样做才能了解事实、才能积聚起必要的勇气。永远都不要忘记，勇气的有无取决于你做出的选择。

"让我们去改变那些应该改变的事情"，请注意这个句子中的"应该"二字。我很少同意你说"应该"，但这里你可以说这两个字。你是否正常、健康、快乐、自由，取决于你能否最充分地体验生活。你应该最充分地体验生活，更进一步说，你必须最充分地体验生活。去改变任何应该改变的事情，才能让你过上你应该过上的生活。

祷词中的最后一个挑战是：分清事物间的区别。掌控思想不仅扭曲而且限制你对生活的看法。本书一直强调的是那种能将事实与假想分清的智慧。问问自己，在你看这本书之前，你眼中的事实是怎样的？你对自己抱怀疑态度吗？你是不是觉得生活永远无法令你满意？你是不是觉得自己永远无法改变？我希望你已经准备打消这些错误的念头，至少你现在已经有了很多工具，你可以利用它们来赶走反射思维，开始分清事实与假想之间的区别。

自我训练思考

对自己的想法负责：

因为这些想法会变成你的行动。

对自己的行动负责：

因为这些行动会变成你的习惯。

对自己的习惯负责：

因为这些习惯会变成你的性格。

对自己的性格负责：

因为这些性格会决定你的命运。

要创造自己想要的生活，关键在于心甘情愿地承担生活中的责任。对自己的想法负责,对自己的看法负责,最重要的是,对自己听信的东西负责。只要这样做了,你才可能以同样负责的态度去对待所有的事情。有时,你该想想什么时候应该担负起生活中的责任。难道现在还不是时候吗?你苦苦挣扎得还不够吗?你自己做出决定吧!

致　谢

　　我要感谢我的妻子克伦,我的儿子贾斯廷和女儿劳伦,这几年来他们一直给予我关爱、鼓励和无私的奉献。没有他们,我的写作将变得毫无意义。

　　自我训练的治疗力量不是我发明或编造出来的东西。它是我的所有病人勇敢地允许我加入他们独特的挣扎中之后,我领悟出来的东西。我的病人业已成了我的老师。我们一起学着认识生命的一个基本事实:我们必须对生命负责——不是通过强迫性地试图控制它,而是把事实与虚幻分开,并且让步于内心更深层、更自发的生命力。

　　如果没有我的代理人吉恩·纳格尔以及她的杰出团队,传播自我训练的力量和希望这一梦想就无从实现。从一开始,吉恩就不停地鼓励我。她独特的文字能力和直觉是我的作品能走向世界的唯一原因。

　　威利出版公司的编辑汤姆·米勒,从一开始就看出了我的作品的价值,这也再一次证明了他的学术水准。我称奇于他的能力:看到手稿,能提取出其中深层的、潜在的精髓。他的洞察力造就了本书的最终付梓。我永远感激汤姆的忠实、热情、远见和友谊。

　　若干年前我开始写作,我要感谢这一路上简·拉夫始终伴在我的左右,她给予我建议、指导和鼓励,使我树立起完成写作的信心。我的作品的出版与我在写作道路上的成长,完全离不开她的编辑工作与支持。

　　最后,我要感谢我的朋友和家庭成员的支持和建设性意见:我的终身朋友兼连襟罗恩·约克"总监",我的表姐妹莎莉丝特·盖尔迪瑞(家庭 CEO)和凯茜·曼格诺,我的侄女克丽丝·凯姆和凯西·梅克,挚友兼顾问皮瑞库拉·拉马拉恩,我的长久忠实哥们艾伦·格帝思博士,朋友兼律师亚历克斯·罗克特里。特别还要感谢三位教导我的优秀女士:我的母亲玛丽、姨妈泰茜和岳母琼。